전통 보이차 전승자, 현대 보이차 확립자인
그랜드 티 마스터, 추병량 선생에게 듣는

보이차 에피소드

전통 보이차 전승자, 현대 보이차 확립자인
그랜드 티 마스터, 추병량 선생에게 듣는

보이차 에피소드

중국 · 홍콩 · 동남아 · 대만의 보이차 시장에서 성장, 발전한
전통 보이차에서 현대 보이차의 숨은 이야기!

지은이 **허이선(許怡先)**
감수자 **정승호(鄭勝虎)**

한국티소믈리에연구원

추병량 선생과 함께 떠나는 '현대 보이차'의 새로운 여정

벤처캐피탈(VC)과 사모펀드(PE)에서부터 최근 몇 년간 가장 인기 있는 '대체 투자(alternative investment)'에 이르기까지, 보이차(普洱茶)도 예술품, 레드 와인과 함께 투자 산업에서 매우 인기 있는 품목으로 조용히 등장하였다.

투자에 예리한 감각을 지닌 사람이라면 누구나 한 번쯤은 차를 마시면서 투자의 기회를 찾아본다. 개인적으로 금융투자기관에서 일하면서 유·무형의 자산을 보편적 가치로 평가하는 방법을 배우고, 또 합리적인 가격 메커니즘을 발견하는 경험을 쌓아 왔다. 그러나 나의 이런 경험도 보이차 산업에 적용할 때면 늘 안개 속을 걷는 듯이 입문의 방향을 잡기가 어려웠다.

'명확하게 설명도, 이해도 할 수 없다는 것'이 보이차를 마시고 수집하는 데 가장 큰 장애물이었다. 특히 가장 인기가 있는 2000년도 이전의 보이차를 대할 때면 더욱더 그렇다. 그 이유는 과거의 모든 보이차는 그 기원을 명확하게 표시하지 않았기 때문이다. 어느 산, 어느 마을에서 채취된 몇 년도, 어느 계절의 찻잎 인지에 대한 설명도 없고, 식품 안전성을 인증하는 시스템도 존재하지 않았던 것이다.

상품에 대한 설명과 비교할 수 있는 자료가 부족하였던 탓에 단서를 찾기 위해 이 업계의 사람들은 돋보기를 사용하여 용지의 크기, 두께, 인쇄 글자의 크기, 두께, 색상, 인쇄 방법, 그리고 종이의 포장 방법에서 차이점을 찾으면서 보이차의 상품명과 가격을 정의하였다.

또한 위조(僞造)를 방지하기 위해 일부 감정사는 포장지를 개봉한 흔적조차도 허용하지 않았다. 이렇게 특단의 조치를 취하지 않으면 상품의 가격이 크게 낮아지기 때문이다. '차를 마셔야 하는지, 포장지의 표시 사항을 읽어야 하는지'는 보이차의 세계에 입문하려는 모든 이들에게 항상 의구심을 일으켰다. 마침내 나는 이 상품이 어떤 보이차인지 알고 마시는 것이 얼마나 어렵고 복잡한지를 이해하게 되었다. 2000년도 이후의 보이차도 계속 이런 애매한 길을 갈 것인가?

나에게는 보이차를 즐기고, 또 미술품을 소장하면서 감상하는 친구들이 꽤 있다. 그들과의 만남을 통하여 보이차를 마시고 서로의 경험을 나누면서 저자인 허이선(許怡先) 선생도 알게 되었다. 이 친구들과는 2000년도부터 보이차를 마시기 시작하였는데, 골동보이차부터 1950년대의 『홍인(紅印)』, 『녹인(綠印)』을 비롯하여 1970년~1980년대의 『7542』, 『8582』, 『88청(八八靑)』도 맛을 보았다. 그러나 여전히 전문가의 설명에 의존하였고, 스스로 구별할 능력은 없었다. 또한 보이차의 신비로움에 감탄하였지만, 전문가의 안내가 없으면 '보이차의 전설' 속으로 절대 들어갈 수 없다는 사실을 안 뒤에는 좌절감도 느꼈다.

2008년에 허이선 선생은 친구인 채치중(蔡致中) 씨의 안내로 운남성(雲南省)의 차산(茶山)에 다녀온 적이 있었는데, 보이차가 새로운 시대를 맞이하였다는 희소식을 갖고 돌아왔다. 이 소식은 현대 보이차에 대한 우리의 관심을 크게 불러일으켰다.

2010년 9월, 나는 친구들을 인솔하여 운남성의 여러 차산을 여행하였고, 보이차의 '일대종사(一代宗師)'인 추병량(鄒炳良, 1939~) 선생도 만났다. 추병량 선생과의 인연은 보이차, 특히 '현대 보이차'에 대한 나의 이해를 완전히 뒤바꾸어 놓았다.

추병량 선생은 차를 만드는 데는 매우 엄격하지만, 사람을 대하는 데는 상당히 겸손한 분이다. 사람들이 어떤 질문을 던져도 마다하지 않고 친절히 설명해 주는, 마치 살아 있는 '보이차 백과사전'인 듯하였다.

우리 일행은 중국 국영기업에서 민간기업으로 전환된 '맹해차창(勐海茶廠)'뿐만 아니라 '해만차창(海灣茶廠)'도 방문하였다. 1999년에 창립된 해만차창은 보이차의 전통적인 제다 기술을 계승한 공장이다.

이 당시 추병량 선생은 우리를 워크숍에 참여하도록 안내하였는데, 이 워크숍에서 우리는 차를 만드는 데 대한 그의 전문성과 헌신을 똑똑히 목격하였다. 그는 보이차의 표준화 작업에 일생을 바쳤는데, 국영 맹해차창(國營勐海茶廠)의 '초기경전작품(初期經典作品)'인 『7542』, 『8582』의 제다 기준과 '병배(拼配)'(찻잎의 배합 작업)의 규정을 표준화하였다.

2004년 해만차창에서 생산한 『반장칠자병(班章七子餅)』의 포장지에서 원재료의 설명으로 "서쌍판납(西雙版納) 맹해현(勐海縣) 반장차청(班章茶靑)"이라는 문구를 인쇄하면서 '원산지 표시'의 개념을 처음으로 도입하였다.

2011년에는 우리와 협력하여 현대과학기술을 보이차의 '이력 관리제'와 '인증 시스템'에 활용하여 위조품을 방지하는 표준 체계를 세워 세상의 이목을 집중시켰다.

대만에서 1970년~1980년대의 『7542』, 『8582』 상품을 접하였을 때, 이것이 국영맹해차창에서 생산한 진품인지, 소규모의 가내 공장에서 생산한 위조품인지 궁금하여 선배들에게 많이 문의하였지만, 출처가 밝혀진 것이 없어 '보이노차(普洱老茶)'에 입문하는 문턱에서부터 혼란에 빠졌다. 그런데 "『7542』는 제가 만든 병배법입니다!"라는 추병량 선생의 말을 직접 듣고 당시 궁금하였던 것을 그에게 더 물어본 뒤에야 비로소 이 모든 혼란의 이유를 알 수 있었다.

"당시에는 동일한 '배방등급(配方等級)'(찻잎 등급에 따라 배합하는 레시피)으로 보이차를 만들었지만, 원료의 산지가 각기 달랐기 때문에 상품마다 향미도 달랐어요. 일괄 구입, 일괄 판매 시스템을 채택하였던 그 시절에 고객이 주문한 보이차는 중차공사(中茶公司)에서 통일적으로 차창에 주문을 내렸고, 차창에서는 산지가 서로 다른 원료로 등급별 배방(配方)(병배 레시피)에 따라 병배했어요. 상품에 표시된 맥호(嘜號) 번호에서 원료의 등급은 확인할 수 있지만, 원료의 산지는 알 수가 없기에 그 맛과 향도 매우 다양하고 풍부했던 거랍니다."

이와 같은 추병량 선생의 설명은 시장에서 떠도는 일반화된 설들을 모조리 깨뜨려 버렸다. 시장에서 '차보다는 포장지로 판별해 인식하여야 한다'는 '장님 여럿이 코끼리를 만진다'는 '군맹무상(群盲撫象)' 격의 규칙에 대하여 추병량 선생은 다음과 같이 설명해 주었다.

"그 시대에는 포장지의 인쇄소가 두세 곳 정도 있었는데, 서로 다른 포장지를 인쇄했어요. 또 같은 인쇄소에서도 매번 사용되는 용지가 달랐지요. 그런 인쇄소에서 매번 용지가 다른 포장지를 차창에 공급하면 우리는 그냥 포장했지요."

이와 같은 추병량 선생의 설명은 그동안 베일에 가려져 있던 수많은 궁금증들을 단번에 해소하였다. 그는 그야말로 보이차의 비밀을 풀어 주는 진정한 '제다 달인'이었다.

2012년 9월 이후 나는 '중화보이차교류협회(中華普洱茶交流協會)' 창립 명예회장 겸 회장으로 운남성의 정부 및 산업계, 학계, 유명한 차 기업의 품질 감독 부서와 교류하면서 수많은 '제다사(制茶師)'(차를 직접 가공하는 장인)들을 방문하였다.

　제다사, 차 기업, 생산지, 생산 이력제 관리, 그리고 문화 콘텐츠를 바탕으로 정립되는 보편적인 가치의 추구가 앞으로는 현대 차 산업의 새로운 트렌드로 부상할 것이다. 알다시피 대만도 '차(茶)'로 유명하다. 특히 '동방미인(東方美人)'을 비롯한 '우롱차(烏龍茶)', '포종차(包種茶)', '홍차(紅茶)' 등 국내외 소비자들로부터 호평을 받는 차 상품들도 많다. 새로운 차 산업의 트렌드에 발맞추는 것이 업계의 관심사이자, 우리 협회가 추진하려는 주요 업무이다.

　이 책은 추병량 선생의 '제다 품격'뿐만 아니라, 그의 '장인 정신'과 일생을 바쳐 '보이차의 표준'을 확립한 끈기와 노력을 보여 준다. 앞으로도 더욱더 많은 사람이 추병량 선생같이 시대에 발맞추어 상품의 이력 및 추적 관리를 강조해야 하고, 또 그러한 인증 체계를 바탕으로 소비자들이 안전하게 보이차를 구입하고, 소장 가치를 제대로 파악하여 상품을 수집할 수 있도록 기준을 마련해야 한다. 그래야만 전통적인 생산을 지속할 수 있고, 보이차의 음용과 수집의 새로운 이정표도 만들 수 있다.

양자강(楊子江)
중화보이차교류협회(中華普洱茶交流協會) 창립위원회 명예회장
벤처캐피털업체 회양창투(匯楊創投) 매니저
회광컨설팅공사(匯宏顧問公司) 회장

'맛'과 '소장 가치'를 겸비한
새로운 다도(茶道)

보이차의 음용과 수집은 와인과 비슷하여 모두 '천(天)', '지(地)', '인(人)'에 기반을 둔다. 즉 기후, 풍토, 품종, 생산 기술, 저장 조건이 모든 것을 결정한다. 이 중에서도 '인(人)', 즉 사람이 가장 중요하다. 보이차의 '제다사'는 와인의 '양조사(釀造師)'와 같으며, 훌륭한 제다사의 작품일수록 수집가들의 선호도도 높다.

보이차의 세계에서 추병량 선생은 유일하게 '종신성취대사(終身成就大師)'의 칭호를 받은 '일대종사'이다. 와인의 세계에 비유하면, 추병량 선생은 '보이차의 앙리 자이에(Henri Jayer, 1922~2006)'인 셈이다.

자이에가 세상을 떠난 뒤 '부르고뉴 주신(酒神)'의 자리는 랄루 비제 르로이(Lalou Bize-Leroy, 1932~)가 이어받았다. 개인적으로는 계승의 관점에서 추병량 선생은 르로이 여사와도 비견할 수 있다.

추병량 선생은 1957년에 국영맹해차창에 입사한 뒤 검사 및 심사평가의 업무를 오랫동안 담당하였는데, 그러한 축적된 기술과 경험을 바탕으로 오늘날 보이차의 표준을 정립하는 데 많은 공을 세웠다. 훗날 그가 설립한 해만차창은 현대 보이차의 새로운 가치와 '상방문화(商幫文化)'(혈연과 지연 등에 기반해 같은 지역에 뿌리를 둔 상인 조합)를 겸비하였다.

초기 국영맹해차창이 '로마네콩티(DRC, Domaine de La Ro`manée Conti)'라면, 해만차창은 '르로이'이다. 국영맹해차창의 제다 기술 및 보이차의 정통성은 해만차창과 제다사인 추병량 선생이 계승하였다고 볼 수 있기 때문이다.

나는 늘 보이차와 와인의 유사점에 대해서 허이선 선생과 많은 이야기를 나누었다. 서로 다른 산지와 연도에서 만든 보이차는 제다사에 따라서 맛과 향, 그리고 품질에서 현격한 차이가 난다. 최고의 제다사들은 이상적인 산지를 찾으면 그 지역의 기후 조건을 먼저 파악한 뒤 그 특색에 따라 고급스러운 맛과 개성을 지닌 작품을 창조한다.

그러나 추병량 선생은 그 이상이다. 뛰어난 병배와 제다 기술을 통하여 다양한 산지의 찻잎 특성을 완벽하게 융합하여 '병배 공예'를 극대화하였다. 병배의 기준이 같더라도 더 풍부하고 더 다양한 향미의 보이차를 만들 수 있기에 세세히 음미해 볼 만한 가치가 있다.

허이선 선생은 보이차도 와인과 같이 체계적인 수집 활동이 가능할지에 대하여 깊은 고민을 털어놓았다. 나는 그의 새로운 관점에 깊이 공감하였다. 프랑스 와인의 지리적인 기준과 원산지의 표시 제도를 참조하여 보이차에도 등급 체계를 적용하면 보이차의 새로운 시대가 열릴 것이라 본다.

와인의 '지리적 표시제(GIS, Geographical Indication System)'로 법적인 보호를 받는 원산지는 지역, 마을, 포도 품종 등에 따라 등급을 나누었듯이, 보이차도 성(省), 주(州), 시(市), 향(鄉), 촌(村), 채(寨), 특급차원(特級茶園)을 기준으로 분류의 체계를 확립할 수는 없는 것일까?

와인은 좋은 관리 환경과 표준에 부합하는 지하 저장고에서 반드시 보관되어야 한다. 일정한 온도와 습도의 균형이 와인의 숙성과 품질에 큰 영향을 주기 때문이다.

보이차도 숙성을 위하여 전통적으로는 '건창(乾倉)' 또는 '습창(濕倉)'에 보관되었다. 오늘날의 신세대 숙성법은 지역별 기후, 온도, 습도, 자연환경에 맞춰 숙성 조건을 수동으로 조절하는 표준적인 '자연창(自然倉)'에서 진행된다. 말레이시아, 홍콩, 대만, 운남성에 있는 자연창들이 대표적인 경우이다.

자연창에서 보이차는 각 지역의 좋은 환경에서 오랜 숙성 과정을 거치기 때문에 맛과 향이 한층 더 다양해지고 독특하게 변한다. 그런데 보이차는 체계적인 심사평가와 전문적인 홍보 매체가 아직은 부족하다. 보이차의 심사평가 기준을 확립하려는 노력이 보이차 소장과 음용에 근거가 되기를 기대해 본다.

와인의 양조에서 그 가치를 구성하는 데 가장 중요한 요소는 사람이다. 오늘날 서양의 최고 양조사가 '르로이 여사'라면, 현대 보이차의 최고 제다사는 '추병량 선생'이라 할 수 있다.

이렇듯 와인과 보이차는 그 식품의 장르는 다르지만 교묘함은 같듯이, 양조사와 제다사 모두 문화 계승 차원에서 매우 중요한 역할을 담당하고 있다. 여기서 보이차의 일대종사인 추병량 선생에게 삼가 경의를 표한다!

왕걸(王傑)

원락식품(元樂食品) 회장
부방투자자문회사(富邦投顧) 회장 역임
중화보이차교류협회 제1부회장 역임

추천의 글 3

보이차(普洱茶)는 1980년대 중국이 개혁, 개방 정책을 추진하고 2000년대 초부터 국영 차창이 민영화를 이루면서 홍콩에서 그 시장이 성장하고 동남아, 대만에서 크게 발전하여 오늘날에는 재테크의 붐과 함께 건강 차로서도 큰 인기를 누리고 있습니다.

물론 국내에서도 소수의 수집가나 마니아를 중심으로 보이차는 오래전부터 각별한 사랑을 받아 왔으며, 최근에 와서는 체중 감량 등의 각종 건강 효능이 있다고 소개되면서 전통적인 차병 형태의 보이차뿐 아니라 RTD 형태의 가루 보이차도 일반 대중을 중심으로 폭넓게 소비되고 있습니다. 바야흐로 국내에서도 보이차의 열풍이 일고 있습니다.

이러한 가운데 미국의 세계적인 시장 분석 기관인 '그랜드 뷰 리서치(Grand View Research)'에서는 보이차 시장이 건강 트렌드와 함께 2021년부터 2028년까지 연평균 성장률 15.8%로 성장할 것으로 내다보고 있어 향후 국내에서도 웰니스 트렌드와 맞물려 더욱더 성장할 것으로 기대됩니다.

한국티소믈리에연구원이 이번에 출간하는 『보이차 에피소드』는 그러한 보이차가 중국에서 탄생하고 홍콩에서 성장하여 동남아, 대만에서 크게 발전하기까지의 숨은 이야기들을 소개하고 있습니다.

이 책은 과거 중국 보이차의 산실이었던 국영맹해차창(國營勐海茶廠)에서 제5대 공장장으로서 민영화 직전까지 몸을 담았던 보이차의 대가 추병량(鄒炳良) 선생으로부터 오늘날 재테크의 열풍을 보이는 1950년대의『홍인(紅印)』,『녹인(綠印)』, 1970년~80년대의『7542』,『8582』등의 보이차를 자신이 직접 생산하였던 이야기들을 소개함으로써 오늘날 시중에서 떠돌고 있는 보이차에 대한 잘못 알려진 지식을 바로잡는 데 큰 도움을 줄 것으로 기대됩니다.

대만, 홍콩, 동남아시아에서 한때 보이차 시장이 과열되어 각종 모조품들이 대량으로 유통되거나 잘못된 이야기들이 퍼지면서 시장의 질서가 교란되어 혼란스러운 양상을 보였듯이, 국내에서도 보이차 시장이 점차 과열되고 있는 현 상황에서 보이차의 길라잡이가 될 이 책의 출간은 그 의미가 매우 크다고 할 수 있겠습니다.

이 책을 통해서는 현대 보이차인 '보이차 숙차(熟茶)'의 최초 개발 참여자이자, 전통 보이차의 제다 기술을 계승해 해만차창(海灣茶廠)을 창시한 국가급 '일대종사(一代宗師)'인 추병량 선생의 이야기를 통해 보이차의 '병배(拼配)' 기준을 보이차의 전문가들과 함께 확립하고, 속성 후발효인 '악퇴(渥堆)'를 적용, 현대 보이차의 표준을 세움과 동시에 생산 이력제의 도입을 통해 전자 인증제를 정착화하기까지 보이차의 역동적인 근현대사를 읽을 수 있습니다.

아울러 보이차의 일대 종사인 추병량 선생과 노국령 선생을 비롯해 대만의 여러 보이차 전문가들이 함께 협력하여 보이차의 전통문화를 지속 가능성이 있도록 발전시키기 위하여 다원의 생태학적인 관리와 채엽의 남획을 막기 위하여 방안을 모색하는 등 보이차의 산지를 보호하려는 전문가들과 현지인들의 노력도 함께 소개되어 보이차 애호가나 수집가들에게는 새로운 흥미를 더해 줄 것입니다.

끝으로 이 책은 훌륭한 보이차를 선택하는 기초적인 방법들에 대해서도 상세히 소개하여 보이차를 처음 접하는 분이나 보이차를 수집하려는 분, 보이차를 다이어트를 위하여 건강 차로 즐기려는 사람들이 시장에서 보이차를 구입하는 데에도 훌륭한 길라잡이가 될 것으로 기대합니다.

정승호 박사
사단법인 한국티협회 회장
한국티소믈리에연구원 원장
외식경영학 박사

저자의 글

2018년 홍콩의 추계 보이차 경매에서 1985년에 생산된 맥호(嘜號) 『8582』의 중기(中期) 보이차 1건(件)(84편)이 약 2000만 대만달러(한화 약 8억 1500만원)에 낙찰되었다. 2003년에 생산된 반장생태차(班章生態茶)인 『육성공작(六星孔雀)』 4통(筒)(28편)은 1800만 대만달러(한화 약 7억 3000만원)의 거래 기록을 달성하였다.

1992년쯤, 10만 대만달러(한화 약 400만원)에 거래되던 보이고차 (普洱古茶)인 『복원창호(福元昌號)』 1통(7편)은 2019년에 1억 대만달러 (한화 약 40억 7500만원)까지 가격이 급등하였다.

신비하고 오랜 역사를 간직한 보이차는 불과 30년 만에 가격이 1000배로 뛰었다. 매우 예외적인 일이지만, 보이차는 분명 여느 차 상품과는 다른 특징이 있음을 알 수 있다.

약 1800년 전, 삼국시대 위나라(魏, 220~265)의 학자인 장읍(張揖, ?~?)은 저서 『광아(廣雅)』에서 "형파에서 찻잎을 따서 떡 모양으로 만든다(荊巴間採茶作餅)"고 기술하였는데, 이는 '병차(餅茶)'에 대한 가장 오래된 기록이다.

당나라 시대의 차 전문가인 육우(陸羽, 733~804)는 그의 『다경(茶經)』에서 당시 차 문화를 상세히 기록하였다. 고사찰인 법문사(法門寺)에서 출토된 당나라 희종연간(僖宗年間, 873~888)의 차 도구들을 살펴보면, 당시 사람들이 차롱(茶籠)(차를 구워서 수분을 제거하거나 통풍이 잘 되게 보관하는 금속 바구니)에 단차(團茶)를 넣어 구워 마셨음을 쉽게 알 수 있다.

송나라 시대에는 문인들도 차를 즐겼는데, 서예나 그림이 그려진 족자를 걸어 두는 '괘화(掛畫)', 차를 우리는 '점차(點茶)', 꽃꽂이인 '삽화(揷花)', 향을 피우는 '분향(焚香)'을 '생활 속 네 가지 예술'이라는 뜻으로 '사반한사(四般閒事)'라고 불렀다.

송나라의 휘종(徽宗, 재위 1100~1125)은 저서 『대관차론(大觀茶論)』에서 "왕조 초기부터 해마다 건계(建溪)에서 조공하는 '용단봉병(龍團鳳餅)'은 명성이 천하에서 으뜸이다(本朝之興 , 歲修建溪之貢 , 龍團鳳餅 , 名冠天下)"고 기록하였다. 여기서 건계는 오늘날 복건성의 민강(閩江) 북부 발원지이다.

명나라 태조 홍무(洪武) 24년(1391년)에 '폐청단, 흥산차(廢靑團, 興散茶)'의 법령이 내려졌는데, 중원의 문화권과 너무 멀리 떨어진 운남 지역까지는 실행되지 못하여 보이차는 겨우 그 명맥을 유지하였다.

청나라 옹정연간(雍正年間, 1723~1736)에 보이차는 황제에게 헌상하는 '공차(貢茶)'가 되었고, 건륭연간(乾隆年間, 1736~1795)에 이르러 '보이차의 르네상스' 시대가 펼쳐졌다. "독유보이호강견(獨有普洱號剛堅)"이라는 시구절에서 당시 건륭제의 보이차에 대한 애정을 알 수 있다. 또한 그는 보이차를 국례품으로 안남(安南)(지금의 베트남) 국왕에게 선물하여 보이차가 남양(南洋)(지금의 동남아시아)에서도 꽃을 피울 수 있는 계기를 마련하였다.

1938년 이후 중차공사(中茶公司)가 운남에 보이차 공장을 설립하면서 보이차 개발의 새로운 시발점이 되었다. 그중에서 국영맹해차창이 최고로 손꼽혔다. 그 당시 보이차는 여전히 옛날 단차(團茶)의 제다 방식으로 만들어졌다.

1950년대 추병량, 노국령(盧國齡 1933~) 선생 등 많은 전문가들이 국영맹해차창에 근무하면서 보이차 생산 작업과 품질 관리에 대한 표준 규정들을 확립하였다. 1990년 이후에는 대만의 차 애호가들이 대거 참여하여 교류한 덕분에 고급 차의 생산이 재개되었다.

보이차를 제대로 이해하려면 먼저 보이차 업계의 장인을 알아야 하는데, 추병량 선생이 명실공히 최고의 적임자일 것이다.

추병량 선생은 1957년 국영맹해차창에 입사하여 1984년부터 1996년 말에 은퇴할 때까지 공장장으로 재직하였다. 1973년 곤명차창(昆明茶廠)의 여성 동료인 오계영(吳啓英, 1938~2005) 선생과 함께 광동성으로 가서 '악퇴(渥堆)' 기술을 배워 보이차에 적용하였고, 보이숙차(普洱熟茶)의 '악퇴발효(渥堆發酵)'에 관한 이론을 책으로 편찬하여 '숙차의 교부(熟茶敎父)'로 일컬어졌으며, 1975년에는 보이차의 '병배배방(拼配配方)'을 분명하게 정의하였다.

특히 1980년대 홍콩의 남천공사(南天公司)를 위해 맞춤형으로 제작한 『8582』와 1988년 『7542』의 청병(靑餅)은 차 업계에서 큰 주목을 받은 상품이었다. 보이차를 즐기는 사람이라면 누구나 알고 있는 상품이지만, 이 상품들을 만든 주인공이 정작 추병량 선생이라는 사실을 아는 사람은 거의 없다.

『홍인(紅印)』, 『녹인(綠印)』, 『소황인(小黃印)』, 『7542』, 『8582』 및 『88청(八八靑)』 등 국영맹해차창의 유명한 보이차 상품들은 모두 추병량 선생과 관련되어 있다. 보이차를 마시는 사람이나 작가들, 심지어 판매자들 사이에서 많이 언급되는 상품들이지만, 정작 제작자인 추병량 선생은 지금까지 직접 나서서 말을 꺼낸 적이 없다.

2010년 12월, 중국 운남성 대만사무소의 장귀생(蔣貴生) 여사의 주선으로 나는 드디어 '보이차의 종신대사'인 추병량 선생을 만났다. 그와 몇 년 동안 교제하면서 보이차의 비밀을 풀어 줄 사람은 오로지 추병량 선생임을 깨달았다. 추병량 선생은 '현대 보이차의 살아 있는 백과사전'

이었던 셈이다.

"보이차는 운남에서 태어나 홍콩에서 자랐고, 남양에서 꽃을 피워 대만에서 열매를 맺고, 다시 중국에 정착한 겁니다."

보이차 제일인자로 불리는 등시해(鄧時海, 1941~) 선생의 이 한마디는 보이차의 가격이 1000배로 치솟는 전설적인 사건에 대한 최고의 해석으로 생각된다. 급부상하는 보이차 전설의 이면에는 일대종사 추병량 선생의 제다 공력이 숨어 있다.

여기서 나는 추병량 선생이 60년 동안 제다한 대표적인 보이차 상품들에 숨겨진 이야기들을 '경(經)(날실)'으로, 등시해 선생이 제시한 보이차의 전파 경로를 '위(緯)(씨실)'로, 그리고 지난 30년 동안 축적한 개인적인 경험을 총괄하여 보이차 애호가들에게 그 수수께끼를 상세히 풀어 주려고 한다.

보이차를 세상 사람들에게 단순히 천정부지의 가격으로 치솟는 상품으로 보이게 할 것이 아니라 보이차에 담긴 역사와 문화에 주목하고 제다사들의 전통을 계승하여 산업으로 정착시켜야 한다. 노차(老茶)에 대한 명확하지도, 이해할 수도 없는 설명의 혼돈 속에서 방황하지 말고 생산 이력과 인증 체계가 강조되는 현대 보이차의 새로운 세계에서 차를 배우고 선택하고 맛을 음미해야만 보이차의 진실한 아름다움을 느낄 수 있을 것이다. 이제 추병량 선생과 함께 보이차의 세계로 여행을 떠나 보자!

허이선(許怡先)
중화보이차교류협회(中華普洱茶交流協會) 비서장
국가전문자격 1급 평차사
예술지 〈전장(典藏)〉 창립 편집장

Contents

제1장

보이차의 어제와 오늘

제8장

제다사(製茶師)의 위상 재정립

제9장
훌륭한 보이차를 선택하는 기초적인 방법!

'국제무형문화유산전시회'를 찾다

2017년 10월 말, 중국 운남성 안녕시(安寧市)에 위치한 해만차창(海灣茶廠)에서 추병량 선생과 차를 마시고 있었다. 그런데 추병량 선생의 사위 왕해강(王海强) 씨가 이처럼 말을 건네 왔다.

"허형, 문화인이라면 북경에 한번 가 봐야 하지 않을까? 공왕부박물관(恭王府博物館)에 우리 상품들이 전시되고 있는데 10월 말이면 끝난다네."

이 말을 듣고 나는 서둘러 북경으로 날아갔다. 북경 공왕부박물관 서관에서 열린 전시회는 그야말로 인산인해를 이루었다. 왕해강 씨가 구해 준 작업증을 갖고 전시회를 관람하면서 행사장의 분위기를 만끽하였다.

추병량 선생은 2007년도에 '보이차종신성취대사(普洱茶終身成就大師)'의 영예를 안았다. 2017년 중국문화부에서 기획한 비물질문화유산(非物質文化遺産)[1] 시리즈 대전에 추병량 선생과 노국령(盧國齡) 선생이 초대를 받아 처음으로 '보이숙차 악퇴발효(渥堆發酵)[2] 공예대전'을 전시하였다. 광주(廣州)의 차류통업(茶流通業)과 차 산업계에서 주최한 국제차박람회는 차 전시를 주로 진행하였지만, 이번 대전에서는 장인 문화를 중심 주제로 삼았다. 제다사의 중요성을 부각하고, 제다 기술의 전승을 통해 차 문화를 보전하려는 목적이었다.

이 전시회를 통해 추병량 선생은 현대 보이차의 정상에 오르면서 '일대종사(一代宗師)'의 지위를 확립한 것이다.

두 거장의 세기적인 만남

북경 공왕부박물관(恭王府博物館) 전시장 외부에 추병량, 노국령 선생의 사진이 내걸린 모습.

이듬해(2018년) 11월 7일, 대만의 등시해(鄧時海, 1941~) 선생은 운남성 농업대학의 초청을 받아 보이차의 '소장(收藏)'(수집 및 저장법)

---

1) 무형문화유산으로 등록된 기술이다. 유네스코에서는 민속, 전통 공예, 신앙, 방언 등 특정 지역에서 전승되는 지적 재산을 보호 대상으로 정하고 있다.

2) 보이숙차의 가공 과정에서 숙성 발효 공예로서 숙차의 품질을 결정하는 중요한 기술이다. 미생물 발효를 유발하여 찻잎의 엽록소가 산화되고, '테아플라빈(theaflavin)'과 '테아루비긴(thearubigin)'을 생성하며, 단백질을 단맛이 나는 아미노산으로 분해하여 빨리 마실 수 있도록 만든다.

에 대하여 강의를 진행하였다. 강의가 끝나기 전에 등시해 선생에게 추병량 선생을 만날 수 있는지 물어보았다. 그는 25년 전 추병량 선생이 국영맹해차창 공장장으로 재직할 당시에 방문한 적이 있었는데, 그 뒤로 다시 만날 기회가 없었다고 하면서 기꺼이 제안을 받아들였다.

추병량 선생이 '보이차의 태산(泰山)'이라면, 등시해 선생은 '보이차의 북두(北斗)'라고 할 수 있다. 등시해 선생은 1993년 제1회 '운남보이차국제포럼'에 초대되어 『월진월향(越陳越香)』이라는 주제로 발표하였다. 그 뒤 1995년에 대만에서 『보이차(普洱茶)』(壺中天地出版)라는 제목의 책을 출간하여 보이차 문화의 부흥을 이끌었다.

공왕부대전(恭王府大展)에서 중국 문화부로부터 선임고문증서(高級顧問聘書)를 받은 노국령 선생(오른쪽)과 추병량 선생의 딸인 추소란(鄒小蘭)(왼쪽)의 기념 촬영 사진.

이를 계기로 '해협양안(海峽兩岸)'(중국 대륙과 대만)에서는 모두 보이차를 마시는 풍조가 생겼을 뿐만 아니라, 해마다 중국 차엽의 '공공

추병량 선생(왼쪽)과 등시해 선생(오른쪽)이 자리에 함께한 모습/사진 제공 : 양문경.

한자리에 모인 보이차의 두 거장 가족과 친구들. 앞줄 왼쪽으로부터 노국령 선생, 추병량 선생, 등시해 선생, 구소매(區小梅) 교수. 뒷줄 왼쪽부터 등시해 선생의 아들(첫 번째), 추병량 선생의 손녀 추소점(鄒小點, 세 번째), 추소란(네 번째), 사위인 왕해강(다섯 번째)이다/사진 제공 : 장영현(張永賢).

브랜드'에서 보이차가 1위를 차지하도록 만들었다. 등시해 선생은 보이차를 마시는 트렌드를 선도한 일인자로서 중요한 역할을 담당하였다.

보이차의 두 거장은 마침내 2018년 11월 11일에 다시 만났다. 이 만남에서 두 사람은 보이차의 부흥에서부터 제다 공예의 전승에 이르기까지 주요 관심사를 교류하였다.

그들은 현대 보이차의 새로운 가치를 만들기 위해서는 정통성과 차 문화의 부흥이 연계되어야 한다는 사실에 공감하였다. 당시 등시해 선생은 추병량 선생에게 이와 같은 말을 건넸다고 한다.

"쌀을 먹으면 88세까지 장수하고, 차를 마시면 108세까지 장수한다는데, 우리는 아직도 이렇게 젊으니 보이차의 확산을 위해 함께 노력해 보세나."

추병량 선생과 뜻밖의 인연

추병량 선생과 뜻밖의 인연은 2010년에 시작되었다. 운남의 지인인 장영현(張永賢) 선생을 통해 운남성에 소재한 대만사무소의 장귀생(蔣貴生) 선생을 알게 되었다. 장귀생 선생은 '5대 차업(茶業)[3]'의 대표들과 서로 소개하는 특별한 자리를 마련해 주었다.

이때 무질서하여 혼란하기까지 한 보이차 시장의 현실 앞에서 우리는 근원을 추적하고 가치를 보존할 수 있도록 신뢰성이 있는 접근법을 기대하였지만, 다섯 차업이 모두 동참하지는 못하였다. 오히려 국영맹해차창의 역대 공장장이면서 현재는 해만차창의 회장인 추병량 선생이 적극적으로 나섰다. 장귀생 선생도 70세가 넘은 추병량 선생이 직접 나설 줄을 꿈에도 생각지 못하였다고 한다.

장귀생 선생의 계획에 따라 나는 곤명시(昆明市) 애낙춘(藹諾春) 레

---

3) 차업(茶業)은 차 제조와 관련된 기업을 말한다. 운남성 대만사무소에서 추천한 5대 차업은 '대익(大益)', '하관(下關)', '중차(中茶)', '용윤(龍潤)', '용생(龍生)'이었다.

스토랑에서 추병량 선생과 처음 만났다. 추병량 선생은 보이차의 '생산·유통 이력 관리', '모바일 인식표', '국가 지리적 표시제 마크'(국가 원산지 보호 상품 마크)를 통한 상품의 홍보 방법을 흔쾌히 받아들였을 뿐 아니라, 이는 '보이차 시장'이 반드시 거쳐 가야 할 방향이자 트렌드라는 사실에도 공감하였다.

반장(班章)[4] 보이차 상품 1편(片)은 현재 보이차 시장에서 1만 위안(元) 이상의 가격으로 거래될 수도 있지만, 우리가 머물렀던 호텔에서는 3편에 100위안에 불과하였다. 이러한 가격의 격차는 소비자들을 매우 혼란스럽게 만들었을 뿐만 아니라, 정부와 차업이 위조품과 싸우는 데 힘을 낭비하도록 만들었다.

이 책에서는 국영맹해차창의 전통을 계승한 해만차창을 소개함과 동시에 근대에 유명하였던 보이차의 출처를 밝혀 오늘날 위조품이 범람하는 보이차의 시장을 근본적으로 바로잡기 위한 노력을 담았다.

나는 『와인은 가능한데, 보이차는 왜 안 되는가?(紅酒能, 普洱茶爲什麼不能)』의 책을 통해 와인 시스템으로 보이차를 재구성해 보았지만, 항상 뭔가 부족하다는 생각이 들었다. 그러던 중 공왕부박물관에서 주최한 무형문화유산전시회를 보면서 비로소 보이차의 장인 문화에 대한 체계적인 정리가 필요하다는 사실을 절감하였다.

지난 20년 동안 유네스코가 무형문화유산에서 '장인 공예'를 전승의 관건으로 제시하면서 이제는 장인의 문화도 중요시되고 있다. 대만에서 몇몇 제다사들과 만난 적이 있었지만, 그들은 온전한 제다 기술로 좋은 차를 만드는 데에만 사업의 방향을 맞추고 있어 장인 문화의 매력이 부족한 것이 아쉬웠다.

---

4) 반장(班章)은 중국 운남성 서쌍판납 태족자치주 맹해현 포랑산향에 위치한 보이차 산지의 이름이다. 노반장(老班章), 신반장(新班章), 패가납(壩卡囡), 파가룡(巴卡龍), 노만아(老曼峨) 등 다섯 마을에서 품질이 좋고 귀한 보이차를 생산하고 있다.

고객의 요구에 맞춰 맛과 향이 매우 다양한 상품을 병배할 수 있는 추병량 선생. 그 솜씨는 많은 사람들의 감탄을 자아낸다/사진 제공 : 해만차창.

제다(製茶) 학문에는 좋은 차를 선택하는 비밀이 숨어 있다!

추병량 선생의 일생에는 두 차례의 중요한 시기가 있었다. 하나는 1957년~1997년에 국영맹해차창에서 공장장으로 근무하던 시기이고, 또 하나는 1999년 해만차창을 창립한 뒤 21년간의 시기이다.

추병량 선생을 '살아 있는 보이차 백과사전'이라고 하는 이유는 무엇인가? 그것은 일생을 보이차의 등급 기준을 표준화하는 작업에 투신하였기 때문이다.

약 40년 전부터 그는 『7542』의 '병배(拼配)'(찻잎 배합)의 기준을 설정하였다. 추병량 선생은 어느 산지, 어떤 품종의 차나무에서 찻잎을 사용하면 보이차에 어떤 특성을 강조할 수 있을지 알고 있었다. 차나무의 품종, 온도 조절, 살청(殺靑)에 필요한 시간, 유념(揉捻)의 상태를 조절할 수 있는 것은 모두 '학문'이다.

전통적인 살청을 예로 들면, 살청에 사용되는 솥뚜껑(팬)의 온도는 약 100도 전후이다. 임창강(臨滄江) 지역의 찻잎은 살청에 20분 정도 소요되지만, 맹해 지역의 찻잎은 30분 전후로 살청해야 한다. 이뿐만 아니라 원료의 굵기, 연한 정도와 산지를 세분화하려면 경험의 축적이 없이는 도저히 불가능하다. 서로 다른 병배 비율로 만든 『7542』와 『8582』는 40년을 지나오면서 완전히 다른 맛과 향을 낼 수 있었고, 그 풍부하고도 미묘한 변화는 한 번이라도 마셔 본 사람이라면 결코 잊을 수가 없다.

신농(神農)이 수많은 약초를 시음하였듯이, 추병량 선생도 수천 그루의 차나무에서 채집한 찻잎의 자미(滋味)(전체적인 맛)를 구분할 수 있었기 때문에 다양한 산지와 차나무의 품종, 제다 과정의 특성도 파악할 수 있었다. 나중에 알게 되었지만, 추병량 선생이 차 애호가들을 위해 다양한 맛을 낼 수 있었던 비결은 바로 여기에 있었다.

다음 장에서는 추병량 선생에 대한 에피소드 통하여 보이차 시장의 수수께끼를 풀어 보고, 보이차에 관심 있는 사람들이 의구심을 해소하여 안심하고 차를 선택하고 마실 수 있도록 안내하기로 한다.

제1장

보이차의 어제와 오늘

대엽종 교목형 차나무의 전설

보이차는 '차나무의 이름'이면서 동시에 중국에서 원산지의 지리적인 정의가 내려진 '차 상품'이기도 하다. 중국 운남성(雲南省)의 11개 주(州)와 시(市), 639개 향진(鄕鎭)의 지역에서 성장하는 대엽종(大葉種) 교목형(喬木形) 차나무에서 채취한 찻잎을 햇빛에 말려 '쇄청모차(曬靑毛茶)'를 만든 뒤, 이것을 원료로 하여 '자연 후발효' 또는 '인공 발효'를 통해 만들어야만 '보이차(普洱茶)'라고 부를 수 있다.

대엽종 교목형 차나무로 특정한 이유는 찻잎에 보존된 '카테킨 (catechin)' 함유량이 32% 이상이어서 보이차의 생산에 가장 적합하기 때문이다. 소엽종(小葉種) 교목형(喬木形) 차나무의 찻잎에는 카테킨이 28%밖에 함유되어 있지 않다.

보이차는 운남성에서 시작되었다는 역사적인 증거들을 많이 찾아볼 수 있다. 해마다 봄 또는 음력 7월 23일(제갈량의 탄신일)이 되면, 중국 운남 지역에 거주하는 합니족(哈尼族), 기낙족(基諾族), 장족(藏族), 와족(佤族)의 사람들이 모두 '보이차 나무'에 제사를 지내는 풍습을 볼 수 있다.

반장고차수(班章古茶樹).

서쌍판납(西雙版納)은 보이차의 오래된 생산지이며, 특히 맹랍현(孟臘縣)에 소재한 해발고도 1900m의 공명산(孔明山)에는 아직도 높이 9m 이상의 차나무들이 자생하고 있다. 운남성의 소수민족 사이에는 제갈량이 차나무를 심었다는 이야기가 전해지고 있고, 그중에서 기낙족(基諾族)은 제갈량을 '차의 조상(茶祖上)'으로 모시고 있다.

보이차 생산에 적합한 대엽종 교목형 차나무의 어린잎.

당, 송의 차병(茶餠)은 '보이차'가 아닌 '녹차'!

차 문화가 발전하기 시작한 것은 당(唐), 송(宋)의 시대부터이다. 유명한 '용단봉병(龍團鳳餠)'을 이야기하려면, 먼저 당, 송의 차 문화로 거슬러 올라가 살펴보아야 한다.

당나라의 차 전문가인 육우

원줄기가 굵직하고, 가운데 갈라져 나온 가지도 원줄기와 비슷한 굵기를 가진 차나무. 경사진 언덕에 받쳐진 나무와의 간격으로 보아 100년 이상이 된 노차원(老茶園)임을 알 수 있다.

(陸羽, 733~804)는 저서 『다경(茶經)』의 첫 구절에서 "차는 남방의 아름답고 진귀한 나무이다(茶者, 南方之嘉木也)"라고 기술하고 있다. 그러나 당, 송 시대의 용단봉병은 '녹차단차(綠茶團茶)'였고, 이 녹차단차의 '적차(炙茶)', '점차(點茶)', '팽차(烹茶)'의 문화는 청나라의 공차(貢茶), 즉 '보이단차(普洱團茶)'와는 근본적으로 다르다.

후한(後漢, 25~220) 시대에 섬서성(陝西省) 서안(西安) 서부에 건립된 사찰인 법문사(法門寺)의 당나라 시대 지하 창고에서 출토된 황실

전용의 금은제 다기 세트 유물과 육우의 『다경(茶經)』을 대조해 보면 당시 단차를 음용하는 절차를 알 수 있다.

1. **배적(焙炙)/굽기** : 차병을 살짝 구워서 건조시킨다.
2. **연쇄(碾碎)/맷돌에 갈아 부수기** : 건조된 차병을 맷돌 등의 특제 용기에 넣어 잘게 부수어 가루로 만든다.
3. **사라(篩羅)/체로 치기** : 가루차를 체에 걸러 곱게 갈린 것만 모아 사용한다.
4. **자수(煮水) 및 가염(加鹽)** : 물을 끓인 뒤 소금을 넣고 간을 맞춘다.
5. **체로 걸러 낸 고운 가루차(3)를 간을 맞춘 물(4)에 넣기** : 이때 차의 준비 방식에는 '전차법(煎茶法)'과 '점차법(點茶法)의 두 가지가 있다. 전자는 차를 물에 넣어 함께 끓이는 방식, 후자는 끓인 물을 차에 부어 우려내는 방식이다.
6. **품차(品茶)/시음** : 차의 맛을 즐긴다

당나라 시대의 순금홍연유운문은차전자(鎏金鴻雁流雲紋銀茶碾子). 구운 단차를 으깨는 일종의 연자매로서 당나라 희종(僖宗, 874~888) 시대의 유물이다.

당나라 시대의 유물인 순금비홍구로문롱자(鎏金飛鴻毬路紋籠子). 단차를 구울 때 사용하는 도구이다.

이러한 차를 마시는 의례와 정교한 다기들은 훗날 일본으로 전해져 독특한 다도 문화로 자리를 잡았다.

육우는 『다경(茶經)』에서 차의 산지를 '파형(巴荊)'이라고 기록하였지만, 보이차에 대해서는 일언반구도 하지 않았다. 고대에 운남 지역은 중원의 문화와 동떨어진 곳으로서 습도가 매우 높고 병충해도 많은 곳으로 알려졌다. 특히 운귀고원(雲貴高原)(운남성 동부에서 귀주성 전역에 걸친 대고원)이 병풍같이 가려져 왕래가 매우 불편하였던 육우의 시대에는 쉽게 갈 수가 없었기 때문에 이 지역의 차 상품들을 소개하지 않았을 것이다.

차를 즐기는 일은 황실, 귀족과 문인들의 전용으로

송나라 시대에는 많은 문인과 선비들이 차의 기예인 '차예(茶藝)'와 차를 음미하는 '품차(品茶)'(이하 시음)를 즐겼는데, 정치가이자 문인인 구양수(歐陽修, 1007~1072), 문인이자 서예가인 채양(蔡襄, 1012~1067), 시인인 소식(蘇軾, 1037~1101)이 가장 유명하다.

그중에서 동파(東坡) 소식은 차에 열광하는 사람을 일컫는 '차치(茶痴)'로 알려졌는데, 차나무를 직접 심기도 하고 차와 관련된 수많은 시(詩)와 사(詞)를 남겼다. 사람들은 그의 시 두 수를 하나의 '대련(對聯)'(한 쌍의 대구를 이루는 구절을 배치한 문구)으로 엮었는데, 앞 구절인 상련(上聯)과 뒤 구절인 하련(下聯)이 매우절묘하게 아름다운 조화를 이룬다.

서호를 서자*와 비교하려니(欲把西湖比西子)
아름다운 차가 가인과 같구나(從來佳茗似佳人)

* 서자(西子, ?~?) : 중국 고대 4대 미녀 중 한 사람. 춘추시대 말기 월나라 사람이다. 이름은 시이광(施夷光)이며, '서시(西施)', '완사녀(浣紗女)'라고도 한다. 월나라 왕인 구천(句踐, ?~B.C.465)이 오나라 왕인 부차(夫差, B.C.?~B.C.473)에게 원한을 갚기 위해 미인계를 썼을 때 선발된 미녀이다. 오나라로 보내져 부차의 총애를 얻고 그가 사치와 향락에 빠지도록 하여 오나라의 멸망에 큰 역할을 하였다고 전해진다.

여기서 "아름다운 차가 가인과 같구나(從來佳茗似佳人)"는 『차운조보학원시배신차(次韻曹輔壑源試焙新茶)』[5]라는 시에서 유래한 것으로, 아름다운 차를 뜻하는 '가명(佳茗)'은 강서성(江西省) 무원(婺源) 지역의 녹차를 말하지만, 이 녹차는 병(餠) 모양의 단차(團茶)로 만들어졌다.

그 시대의 병차는 겉면에 '유고(油膏)'(찻잎에서 추출한 유지 성분)를 칠하여 광택이 나도록 만들어 귀한 선물로 사용하였다. 또 한편으로는 품질이 나쁜 차에 유고를 칠하여 비싸게 파는 속임수에도 사용되었다. 이러한 이유로 소식은 "요지빙설심장호, 부시고유수면신(要知氷雪心腸好, 不是膏油首面新)"라고 언급하였다. 이는 보기에 좋은 차가 품질도 좋은 것이라 말할 수는 없다는 뜻이다.

오늘날의 보이단차는 차병의 겉면에 기름을 바르지 않고, 또 구워서 우려내 마시는 것도 아니기 때문에 당나라와 송나라 시대의 차와는 본질적으로 다른 것이다.

북송 말년의 황제 휘종(徽宗, 1082~1135)과 재상인 채경(蔡京, 1047~1126)은 나라는 잘 다스리지 못하였지만, 차는 잘 다루었던 훌륭한 차예사(茶藝師)였다.

남송의 화원 화가인 유송년(劉松年, ?~?)이 그린 「연차도(撵茶圖)」. 찻잎에 끓는 물을 부어 우리는 점차(點茶) 다도의 과정을 재현하였다/ 대북 고궁박물원 소장.

휘종은 『대관차론(大觀茶論)』을 저술하였고, 차를 우리는 의례인 '포차(布茶)'의 과정을 대신과 사대부들 앞에서 시범을 보였다. 채경은 황제가 연복궁(延福宮)에서

---

5) 시 전체는 다음과 같다. "선산영초습행운, 세편향기분말윤. 명월래투옥천자, 청풍취파무림춘. 요지빙설심장호, 불시고유수면신. 희작소시군물소, 종래가명사가인(仙山靈草濕行雲, 洗遍香肌粉末匀。明月來投玉川子, 淸風吹破武林春。要知冰雪心腸好, 不是膏油首面新。戲作小詩君勿笑, 從來佳茗似佳人)"

친히 포차를 거행한 이야기를 다음과 같이 기록하였다.

> 친수주탕격지불(親手注湯擊指拂),
> 소경백유부잔면(少頃白乳浮盞面),
> 고제신왈(顧諸臣曰) : 차자포차(此自布茶)
>
> **해설** : 친히 손수 물을 넣고 격불(擊拂)을 하시더니 잠깐 사이에 하얀 거품이 잔에 떠올랐다. 그는 신하들을 바라보면서 이것이 '포차(布茶)'라고 말하였다.

이때 '주탕격불(注湯擊拂)'은 당시 점차(點茶) 방식에서 가루 녹차에 물을 넣고 휘저어 거품을 내는 행위이다.

명나라 시대 '폐단개산(廢團改散)'으로 서민에 보급된 차 문화

명나라에 이르러 홍무(洪武) 24년(1391)에 태조인 주원장(朱元璋, 1328~1398)은 그 제다법이 까다롭기로 유명하여 많은 노동력이 필요하였던 '단차(團茶)'의 생산을 폐지하고, 대신에 잎차 형태인 '산차(散茶)'를 생산하는 '폐단개산(廢團改散)'의 제도를 시행하여 당시 귀족들만 즐길 수 있었던 사치스러운 차 문화를 일반 서민들도 누릴 수 있도록 하였다. 따라서 음용 문화가 조정 대신과 귀족들의 전유물이었던 차가 이제는 서민에게까지 대중화되면서 일상 음료로 자리를 잡았다.

송나라 시대에는 차를 시음하는 것이 황실, 사대부들의 한가한 취미로서 우아한 멋을 즐기던 풍조였지만 이제는 서민층에까지 보급된 것이다. 그런데 안타깝게도 명나라 시대에 '폐단개산'이 시행된 뒤로 당, 송의 차 문화는 아예 자취를 감추었는데, 이는 다시 복원할 필요가 있다. 또한 당, 송의 차 문화와 연대하여 발전한 청나라 시대 '보이공차(普洱貢茶)'의 문화도 어지러운 세월 속에서 점차 사라졌다.

공차(貢茶) 제도에 대하여

송나라 시대에는 위로는 황실과 문무백관, 아래로는 백성들까지 '다도(茶道)'를 즐겼다. 차를 즐겨 마시기도 하였지만, '투차(鬪茶)'(차의 품질을 판별하는 경연 대회)도 성행하였다. 당시 차는 신분과 품위의 상징으로서 나라 전체가 차에 열광하였다고 보면 된다.

차의 향미를 시음하는 '품차(品茶)'와 차의 품질을 겨루는 '투차(鬪茶)'의 흥행은 송나라의 공차(貢茶) 제도와 관련이 있다. 민간에서 진행하는 투차는 차의 등급과 순위를 매기는 시합이었던 만큼, 승자의 차는 궁궐에 '공차(貢茶)'로 진상될 수 있었다. 투차에서『차백희(茶百戱)』라는 놀이도 생길 만큼, 차 문화는 생활에 깊이 뿌리를 내렸다.

매년 봄 절기인 청명(淸明) 때는 신차(新茶)가 만들어져 투차를 진행하기에 가장 좋은 시기였다. 투차는 '투명(鬪茗)', '명전(茗戰)'이라고도 하였는데, 당나라 시대에 시작되어 송나라 시대에 크게 발전하였다.

이러한 투차 문화는 옛 문인들의 고상한 유희에서 서민들의 즐거움으로 확장되었고, 오늘날 '차예' 및 차 경연 대회의 기원이기도 하다.

송나라의 공차는 '황실 전용 차'이다. '북원어차소(北苑御茶所)'

남송 유송년(劉松年)의 「명원도시도(茗園賭市圖)」. 중국 차화(茶畵) 역사상 최초로 민간 '투차(鬪茶)'를 그려낸 작품이다/대북 고궁박물원 소장.

가 공차의 제조를 관리, 감독하였기 때문에 이 '북원어차소'를 사람들은 '관배(官焙)' 또는 '용배(龍焙)'라고 불렀다. '북원어차(北苑御茶)'는 그 향미가 천하일품일 뿐만 아니라 제다 공예가 정교하여 수많은 문인들로부터 칭송을 받았으며, 각종 '차시(茶詩)', '차서(茶書)'에도 등장할 만큼 위상이 높았다.

천하 으뜸의 '용단봉병(龍團鳳餅)'!

북원어차의 최고급 공차는 '용단봉병' 또는 '용봉단차(龍鳳團茶)'라고도 한다. 송나라 휘종은 『대관차론(大觀茶論)』에서 "송 왕조 건국 초부터 매년 건계(建溪)에서 조공하는 용단봉병의 명성이 천하에 으뜸이다(本朝之興 , 歲修建溪之貢 , 龍團鳳餅 , 名冠天下)"라고 하였다. 여기서 건계(建溪)는 오늘날 복건성(福建省) 민강(閩江)의 북부 발원지이다.

용단봉병은 제다법이 정교하기로 유명하다. 신선한 새싹을 증기에 찌는 '증청(蒸靑)', 압력으로 즙액을 짜는 '압착(壓搾)', 주무르고 부드럽게 만드는 '연마(硏磨)', 틀에 넣어 모양을 만드는 '조형(造型)', 햇볕에 말리는 '건조(乾燥)', 형틀로 내리찍어 요철이 생기도록 하는 '압인(壓印)' 등의 가공 과정을 거쳐 만들어졌다. 차병의 겉면(쇄면이라고도 한다)에 '용(龍)'이나 '봉황(鳳凰)'의 문양을 찍는데, 더 나아가 순금으로 만든 꽃도 새겨 넣을 정도로 정교하고 화려하였다.

용봉단차는 송나라 태종의 광의연간(光義年間, 976~997) 때 시작되어 처음에는 8병(餅)이 1근(斤)인 큰 용봉단차로 만들었다. 인종(仁宗) 경력연간(慶歷年間, 1041~1048)에 복건전운사(福建轉運使)(징수한 조세나 공물을 수도로 운송하기 위해 복건성에 파견된 관리)를 지낸 서예가 채양(蔡襄)이 북원공차(北苑貢茶)를 제작하였는데, 20병(餅)이 1근인 작은 용봉단차를 만들었다.

신종(神宗) 만력연간(萬歷年間, 1068~1085)에는 '소용단(小龍團)'보다 더 정교한 단차인 '밀운용(密雲龍)'을, 철종연간(哲宗年間, 1085~1100) 때는 '서설상용(瑞雪翔龍)'을, 휘종연간(徽宗年間, 1100~1125) 때는 '신용단승설(新龍團勝雪)'을 만들었는데 갈수록 더 정교하고 화려해졌다.

청나라 옹정연간(雍正年間, 1723~1735)부터 청나라 말기까지 '보이

차'는 '용봉단차'의 뒤를
이어 다시 청나라 공차 문
화로 자리를 잡았다. 다른
산지의 6대 차종은 모두
'산차(散茶)'였지만, 보이
차는 '병차(餅茶)'가 위주
였다.

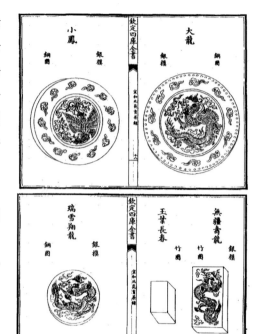

용단봉병을 궁궐 밖에서
만나기를 기원하며

황실 궁중 문화를
대표하였던 '용단봉병'
은 명나라 태조 주원장이
'폐단개산(廢團改散)'을
시행하면서 중단되었다.
그러나 운남에 있는 보이
차는 중원의 문화권과 멀

송나라의 문장가 웅번(熊蕃, ?~?)이 저술한 『선화북원공차록(宣和北苑
貢茶錄)』에 수록된 용단봉병(龍團鳳餠)의 도안.

리 떨어져 있었던 탓에 여전히 단차(團茶)의 형태로 유지되었다.

청나라 옹정연간에 운귀총독(雲貴總督)(운남성과 귀주성의 군사를
관장하고 행정과 경제를 담당하던 관리로서 청나라 9개 최고위 변방 대
관 중의 하나) 악이태(鄂爾泰, 1677~1745)가 운남 지역에서 '개토귀류
(改土歸流)[6]'의 정책을 펼치면서 보이 지역의 차 무역이 시작되었다.

운남순무(雲南巡撫)(운남성의 지방 장관) 심정정(沈廷正, 재위
1728~1730)이 조정에 차를 진상하면서 보이차는 단차의 형태로 공차

---

6) 변경 지역의 토착민 또는 소수민족이 지역을 다스리고 세습하던 토관(土官), 토사(土司)를 없애고 조정
에서 임명한 관리, 즉 유관(流官)을 보내 다스리게 하는 제도. 중앙집권을 강화하고 소수민족을 통치하는 데
유리하였다.

가 되었다. 다른 진상품의 차들과 달리 보이차는 시간이 지날수록 맛과 향이 더 풍부해지는 특징이 있었기에 건륭 황제가 특히 좋아하였다.

대만의 대북 고궁박물원이 소장하고 있는 청나라 유물인 '해당식 홍지차반(海棠式紅地茶盤)'에는 가경(嘉慶) 황제의 시 한 수가 수록되어 있다. 이 시는 '남국세공(南國歲貢)'(남쪽 지방에서 해마다 나라에 바치던 공물) 보이차를 물에 끓여 마시던 황제의 즐거운 심정을 생생하게 표현하였는데, 그의 보이차 사랑을 잘 알 수 있는 대목이다.

가명두강공, 요시필월단.　죽노첨활화, 석요비경단.
佳茗頭綱貢, 澆詩必月團。　竹爐添活火, 石銚沸驚湍。
어해안서양, 기창영세찬.　일구청흥족, 춘앙피청한.
魚蟹眼徐揚, 旗槍影細攢。　一甌淸興足, 春盎避淸寒。

해설 : 양질의 차는 청명 이전에 처음 만든 공차로, 보름달같이 동글한 모양의 것이 최상품이다. 화로에 불을 새로 추가하니, 자기 주전자의 물이 끓기 시작한다. 크고 작은 거품들이 올라오고 있어, 좋은 차를 우리기에 안성맞춤이구나. 차 한 잔으로 마음이 흡족할진데, 마시면 추위도 피할 수 있으리라.

청나라의 역대 황제들은 보이차를 즐겨 마셨을 뿐만 아니라, 외국 사신들과 신하들에게 보이차를 선물로 하사하였다. 청나라의 시인 사신행(査愼行)의 『사사보이차(謝賜普洱茶)』를 예로 볼 수 있다.

세진염주초목연(洗盡炎州草木煙),　제성공명미방선(製成貢茗味芳鮮).
균롱랍지봉초계(筠籠蠟紙封初啟),　봉병용단양병원(鳳餠龍團樣並圓).
사출엄분구면월(賜出儼分甌面月),　약시선시도방천(瀹時先試道旁泉).
시신기유상여갈(侍臣豈有相如渴),　장시신의해로변(長是身依瀣露邊).

해설 : 운남에서는 먼지를 깨끗이 씻어 낸 찻잎으로 맛 좋은 공차를 만들어 진상한다. 밀랍종이 포장을 뜯어 보니 용봉단차와 같은 방법으로 만든 동그란 차가 있다. 하사받은 귀한 차를 도자기에 담으니 보름달을 보는 것 같고 차를 마시기 위해 멀리서 샘물을 받아 왔다. 황홀한 차의 맛에 감탄하며 인자한 성군을 모실 수 있어 신하로서 큰 행운임을 느낀다.

위에 열거한 시에서 알 수 있듯이, 청나라에서는 '보이차'를 '용단봉병'으로 간주하였기 때문에 옛 '단차문화(團茶文化)'는 청나라의 보이차에 의해 계승되었다고 볼 수 있다.

2013년 북경 고궁박물원의 원장인 단제상(單霽翔)이 중국 가덕경매공사(嘉德拍賣公司)에서 발표한 연설문에는 '고궁에는 청나라 시대의 보이차 단차가 많이 소장되어 있다'는 내용이 있다. 또 '고궁에는 청나라 보이차가 76박스나 있다'는 뉴스 기사도 있었다. 용단봉병의 형태는 오직 보이차에서만 찾아볼 수 있고, 고궁에 보관된 차도 송나라의 녹차단차가 아니라 청나라의 '보이차'이다.

우리가 보이차에 관심을 두는 이유는 보이차를 통해 사라진 용단봉병의 모습을 추체험할 수 있기 때문이다. 현대 문화 예술의 힘을 빌려 용단봉병을 고궁 밖에서 만날 수 있기를 간절히 기대해 본다.

청나라 가경제(嘉慶帝, 1760~1820)의 시(詩)가 바닥에 새겨진
『해당식홍지차반(海棠式紅地茶盤)』/ 대북 고궁박물원 소장.

	당, 송대의 용단봉병(龍團鳳餅)	보이단차(普洱團茶)
이름의 유래	북송 태평흥국 3년(978년) 복건 건안(建安)에서 만든 북원공차.	1. 삼국시대 제갈공명이 심었다는 전설. 2. 송나라 시대 사천성, 티베트에 판매된 운남의 '긴단차(緊團茶)'를 '보차(普茶)'라고 하였다. 3. 명나라 사대부와 서민들이 마신 차는 모두 '보차'이다. 명나라부터 청나라 중기까지 전성기였다. 4. 옹정 10년(1732년) 보이차는 『공차안책(貢茶按冊)』에 기록되었다.
형태 규격	떡 모양의 단차. 찻잎을 증기에 쪄서 만드는 '증청편류(蒸靑片類)'로서 틀에 넣어 네모, 마름모, 꽃 모양, 타원형으로 만든다. · 1근(8병)/1근(20병) · 지름 : 1.2~3인치 · 길이 : 3.3~3.6인치 · 너비 : 1.5~3인치	『보이부지(普洱府志)』에 기록된 공차 4종류 · 5근(斤) 단차 · 3근 단차 · 1근 단차 · 4량(兩) 단차
제작 방법	채엽(採茶) ⇨ 간차(揀茶)(선별) ⇨ 증청(蒸茶) ⇨ 자차(榨茶)(즙액 내기) ⇨ 연차(研茶) ⇨ 조차(造茶) ⇨ 과황(過黃)(말리기)	생차 : 채엽(採摘) ⇨ 탄량(攤晾) ⇨ 위조(萎凋) ⇨ 살청(殺靑) ⇨ 유념(揉捻) ⇨ 쇄청(曬靑) ⇨ 무게 달기(秤重) ⇨ 증압(蒸壓) ⇨ 건조(乾燥) ⇨ 포장(包裝). 숙차 : 생차의 쇄청까지 진행된 뒤 악퇴발효(渥堆發酵) ⇨ 번퇴(翻堆) ⇨ 건조(乾燥) ⇨ 등급 분류(分篩) ⇨ 간체(揀剔)(이물질 선별) ⇨ 압제(壓製) ⇨ 포장(包裝).
종결	원나라 시대부터 쇠락하면서 명나라 홍무 24년 '폐단개산'으로 사라졌다.	1912년 2월 청나라의 멸망으로 조공을 바치는 일이 끝났다.
역사 기록	1. 소동파가 친구에게 보낸 편지 『일야첩(一夜帖)』: 단차 1편은 귀한 선물이다. 2. 채양의 편지 『서열첩(暑熱帖)』: 송나라 북원공차는 정교하기로 뛰어나 차 중의 최상품이다.	1. 보이차는 용단봉병으로 알려졌다(청나라 시대). 1) 청나라 초기 강희제 시대 사신행(査愼行)의 시. 2)건륭 황제의 시. 3)가경 황제의 시. 2. 북경 고궁박물원에 150년 된 보이차 76박스가 보관.

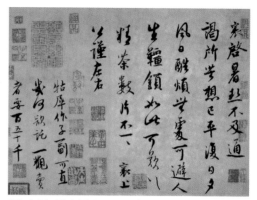

북송 시대 문인으로서 당송팔대가인 소식(蘇軾, 1039~1112)이 쓴 편지 『치계상척독(致季常尺牘)』, 일명 『일야첩(一夜帖)』/대북 고궁박물원 소장.

북송 시대의 정치가이자 서예가인 채양(蔡襄, 1012~1067)의 행서 『서열첩(暑熱帖)』, 일명 『치공근척독(致公謹尺牘)』/대북 고궁박물원 소장.

보이차의 다섯 시대

중국에서는 보이차의 시대를 '고(古), 노(老), 중(中), 청(靑), 신(新)'의 다섯 단계로 본다. '고보이차(古普洱茶)'는 청나라 시대부터 1950년도 이전, 개인 차장(茶莊)들이 국영화로 운영되지 않았을 시기에 생산된 보이차들을 말하는데, '호자급(號字級)', '골동보이차(骨董普洱茶)'로 분류된다.

'노보이차(老普洱茶)'는 1951년에서 1975년까지 중국차엽공사(中國茶葉公司) 운남성분공사(雲南省分公司)의 국영 차창들에서 제작한 초기의 차 상품들을 말한다. 포장지에는 '중차패원차(中茶牌圓茶)'가 기재되어 있고, '중(中)'자 8개가 '차(茶)'자를 중심으로 원형으로 둘러싸고 있어 '팔중차(八中茶)'라고도 한다.

'중보이차(中普洱茶)'는 1976년에서 1999년 국영 차창의 공예표준화 시대에 제작된 차들인데, 포장지에 '운남칠자병차(雲南七子餅茶)'가 기재되어 있다.

추병량 선생도 이러한 시대에 국영맹해차창에서 공장장으로서 『7542』, 『7532』, 『7572』 등의 칠자병차를 출시하였다.

1980년대 후반, 중국차엽공사 운남성분공사에서 일괄 구매와 일괄 판매의 내부 규정을 폐지하면서부터 국영 차창들이 민간으로부터 자유롭게 주문을 받고 수출하는 시대가 열렸다.

'청보이차(靑普洱茶)'는 2000년~2010년, 보이차의 국영 차창들이 완전히 민영화되면서 국영 차창의 직원들이 자체적으로 작업장을 창립하여 제작한 보이차를 말한다. 이 10년간에는 춘추전국시대마냥 수많은 브랜드와 다양한 상품들이 등장하였다.

'신보이차(新普洱茶)'는 2011년 4월, 운남성농업청(雲南省農業廳)에서 '보이차 원산지 증명' 및 '국가 지리적 표시 보호 제품'의 마크 제도를 시행한 뒤에 등장한 차세대의 보이차들이다.

국영맹해차창은 이 다섯 시대를 모두 거친 '산증인'이다. 국영맹해차창과 보이차와 떼려야 뗄 수 없는 사람이 바로 '추병량 선생'이다. 당시 공장장이었던 추병량 선생은 보이차를 위해 새로운 국면을 개척한 중요한 인물이기 때문이다.

추병량 선생은 보이차의 용단봉병을 일상에서 누구나 마실 수 있어야 한다고 자주 언급하였다. 그리고 옛날 전통 공차의 제다 기준으로 오늘날에 정품차로 만들어서 고품격 보이차의 보급에 노력하고 있다. 아울러 좋은 차는 선물용이 아니라 서로 나눠 마시는 것이라는 한결같은 마음으로 보이차의 대중화를 위해 오늘도 노력하고 있다.

추병량 선생과 용단봉병에 관하여 대화하는 모습. 가장 왼쪽이 차해도(車海濤) 씨, 책자를 들고 있는 사람이 장영현(張永賢) 선생이다.

고(古)	1950년 이전, 즉 국영화되기 전의 개인 차창에서 제작된 차.
노(老)	1951년~1975년 국영 차창 시대 초기의 차.
중(中)	1976년~1999년 국영 차창의 공예 표준화 시대의 차.
청(靑)	2000년~2010년 민영 기업과 국영 차창의 개혁 시대에 제작된 차.
신(新)	2011년 원산지의 지리적 표시 제도가 시행된 뒤에 등장한 차세대 차.

시대 구분	시대별 지표 상품				
고(古) 1950년 이전	 복원창호 (福元昌號)	 용마동경호 (龍馬同慶號)	 송빙호 (宋聘號)	 진운호 (陳雲號)	 동창호 (同昌號)
노(老) 1951년~ 1975년	 홍인 (紅印)	 녹인 (綠印)	 갑을급녹인 (甲乙級綠印)	 남인철병 (藍印鐵餅)	 대황인 (大黃印)
중(中) 1976년~ 1999년	 7532	 7542	 소황인 (小黃印)	 8582	 88청 (八八青)
	 96년 자대익 (紫大益)	 97년 수남인 (水藍印)			

* 사진은 1999년 이전의 '고(古)', '노(老)', '중(中)' 시대의 보이차 참고 상품들.

좋은 차를 황실로 진상하는 시대는 이제 막을 내렸다. "좋은 차는 모두 함께 즐겨야 한다"는 것이 추병량 선생이 가진 일생의 좌우명이자, 그가 차를 만드는 초심이다.

장소 제공 : 신방춘차행(新芳春茶行)
촬영 : 왕림생(王林生).

제2장

표준화와 함께 시작된
국영맹해차창의 대서막!

'보이차의 살아 있는 백과사전'

보이차는 오랜 역사와 함께 그 완전한 증거와 기록도 갖추고 있다. 그리고 보다 더 깊이 이해하고 싶으면 보이차에 능통한 슈퍼 전문가의 도움이 필요하다. 추병량 선생은 1950년대 국영맹해차창에 입사해 40년 동안 근무하였고, 숙차[7]의 발효에 대한 기술의 표준과 생차[8]의 병배 기술을 개발하였다. 그는 자신만의 독창적인 기술을 소유하였을 뿐만 아니라 '보이차의 살아 있는 백과사전'이라고 할 수 있다.

추병량 선생은 1939년 운남성 상운현(祥雲縣)에서 출생하였다. 그는 중국 보이숙차의 악퇴 방법을 연구하고 창시한 사람이다. 1957년 국영맹해차창에 입사하고 1984년부터 1997년 1월까지 공장장 겸 기술 총괄책임자로 일하였다. 국영맹해차창에서 가장 오랜 재직 기간을 가진 사람도 바로 추병량 선생이었다.

그는 운남성에서도 유명한 차 심사평가의 전문가로서 제다 경력만 60년 이상이고, '보이숙차 악퇴 기술의 창시자', '보이숙차의 대부' 및 '보이차종신성취대사(普洱茶終身成就大師)'의 영예를 한 몸에 안고 있다. 그가 저술한 『보이숙차 악퇴 발효 제작 공예 수첩(普洱茶渥堆發酵製作工藝手冊)』은 세계 최초로 보이차의 생산, 가공 공예, 그리고 운영 과정에 대하여 서술한 교과서로서 보이차 생산에 대하여 과학기술적인 표준 평가를 소개하고 있다.

보이숙차의 전설을 창조하다!

추병량 선생은 1957년부터 운남성 서쌍판납(西雙版納) 태족자

---

7) 운남대엽종 쇄청모차(曬靑毛茶)를 원료로 하여 악퇴 발효 등 가공 기술로 제작된 보이차를 '숙차(熟茶)'라고 한다. 숙차는 인공 발효 기술을 통해 자연 후발효에 필요한 저장 시간을 단축하여 빠른 속도로 발효가 진행된 보이차이다.

8) 생차는 원료인 쇄청모차를 압제하여 성형한 뒤 자연 후발효의 방식으로 계속 발효시킨다. 즉 악퇴 발효 처리를 하지 않는 보이차를 말한다. 생차는 차성(茶性)이 비교적 강하고 자극적이다. 새로 만든 생차 또는 저장이 오래되지 않은 생차는 쓴맛과 떫은맛이 강하고, 탕색도 옅거나 황록색을 띤다.

치주(傣族自治州) 맹해현(勐海縣), 옛 명칭 불해(佛海)의 국영맹해차창에서 근무하기 시작하였다. 그 뒤로 보이차와 불가분의 유대 관계를 맺었다. 입사 뒤 찻잎의 검사 및 심사평가 기술부에 배정되었다.

1959년 '서남차검사반(西南茶檢班)'을 우등으로 졸업하고, '서남상품검사국(西南商檢局)' 및 '곤명상품검사국(昆明商檢局)'에서 찻잎의 납 함량 검사 및 생화학적인 분석에 관한 교육을 받았다. 1963년 3월에서 1965년 10월까지 중국대외무역부 및 농업부가 공동으로 주관한 홍차의 등급 분류 및 제조 개발 연구에 참여하였다.

1973년 운남성에서는 전문 기술자를 광동성에 파견하여 악퇴 방법으로 보이차를 제조하는 기술을 연구하도록 지시하였다. 이때 추병량 선생은 곤명차창(昆明茶廠)의 여성 동료인 오계영(吳啓英, 1938~2005) 선생과 함께 다녀온 뒤 보이차의 발효 속도를 인공적으로 가속하는 데 성공하여 보이숙차를 규격화 및 표준화하는 방법을 연구하여 현대 보이숙차의 생산 기술에서 선구자가 되었고, 운남 보이차에 새 시대를 열었다.

보이차의 인공 발효 상태를 점검하는 추병량 선생의 모습/사진 제공 : 해만차창.

보이차를 심사평가 중인 추병량 선생의 모습/사진 제공 : 해만차창.

1984년 추병량 선생은 국영맹해차창 제5대 공장장으로 임명된 뒤, 그는 1만 묘(畝)(1묘는 666.7제곱미터)가 넘는 오래된 차밭을 재건 및 복원하고, 10만 묘에 달하는 새로운 차밭을 개간하였다.

또한 포랑산(布朗山), 파달산(巴達山)[9] 지역에 대지 1만 묘의 찻잎 원료 기지를 두 곳이나 설립하여 국영맹해차창의 전성 시대를 열면서 '국영맹해차창의 전설'이 되었다. 또한『노동지(老同志)』,『대익(大益)』의 상표를 만들었고, 더욱이『대익(大益)』의 품질을 향상시키고, 부공장장인 노국령(盧國齡 1933~) 선생이

1988년에 파달(巴達) 지역에 조성한 차 산지를 방문한 대만 금융계의 관계자들. 왼쪽부터 설명령(薛明玲), 양은생(楊恩生), 양자강(楊子江), 왕걸(王傑), 옹명정(翁明正) 선생.

홍보를 통하여 시장을 개척하면서 마침내『대익(大益)』이 중국 국내 브랜드 1위로 자리를 잡았다.

이익에 연연하지 않는 강건한 의지의 산품

현대 보이차의 역사에서 전통적인 제다 기술을 보유한 사람은 추병량 선생이 유일하다. 그는 차에는 만드는 사람의 인품이 담겨 있다고 믿고, 이익에 초연하면서 스스로 열심히 일하는 강건한 의지의 사람이다. 이에 대하여 노국령 선생은 다음과 같이 회상하고 있다.

"어려운 환경에서도 추병량 선생은 정도(正道)를 지키며 차를 만드는 일에 전념하였죠. 소득이 적어 생활고가 심하여도 그는 권세에 굽실

---

9) 포랑차산(布朗茶山)은 맹해현 포랑족향(布朗族鄉) 동남부, 중국-미얀마 국경 지역에 위치한다. 포랑족(布朗族)은 가장 먼저 차나무를 재배하여 차를 마신 민족으로 알려져 있다. 파달차산(巴達茶山)은 맹해현 서정향(西定鄉)에 위치한다. 그중에서 대흑산(大黑山)에는 약 2430ha에 걸쳐 고차수(古茶樹) 군체가 있다.

거리거나 인정을 구하지도 않았어요. 결국 제가 직접 나서서 차를 판매하러 다녔고, 심지어 군대에까지 가서 팔기도 했답니다."

　추병량 선생과 노국령 선생은 1997년 국영맹해차창에서 은퇴한 뒤로 따로 공장을 차리지 않았고, 운남성차엽공사(雲南省茶葉公司)에 초빙되어 의량차창(宜良茶廠)에서 고급 기술고문으로 3년간 재직하였다. 그 이유와 관련하여 저자의 인터뷰에 추병량 선생의 딸인 추소란 씨는 다음과 같이 설명해 주었다.

저자 : 국영맹해차창을 떠난 지 3년이 지난 뒤에야 해만차창(海灣茶廠)을 설립하였는데, 설마 '회전문 조항(旋轉門條款)[10] 때문인가요?
추소란(鄒小蘭) : 아뇨, 보이차의 명맥을 잇기 위해서였죠.

　2000년부터 2004년까지 국영 차창들이 해체되고 직원들도 뿔뿔이 흩어졌지만, 국영맹해차창의 정규 생산품인 『7542』, 『8582』와 같은 보이차들은 홍콩, 말레이시아, 대만에서도 인기가 높았다.

　국영 차창에서 퇴직하거나 해고된 수많은 직원들은 자체적으로 소규모의 공장을 설립하고 순수하게 고수차(古樹茶)의 원료로 제다한 상품을 찾는 고객들을 위하여 '주문자 상표 생산 방식(OEM)'으로 생산하였다. 이와 같은 작은 공장들이 우후죽순같이 들어서면서 '맹해(勐海)', '하관(下關)' 등과 같은 대형 차창 이외의 틈새 수요를 충족시켰다.

　당시 보이차 산업계에는 큰 변화가 일어났고, 시장 경쟁이 치열한 격동기였다. 이때 보이차 업계의 혼란상을 목격하면서 추병량 선생과 노국령 선생은 '고급 기술고문'의 명예를 내려놓고 '해만차창(海灣茶廠)'을 창립하여 보이차를 제작하였다. 이는 이익을 위한 것이 아니라

---

10) 부정부패를 막기 위한 제도로 '공무원의 이직 또는 퇴직 후 이익회피조항'이라고도 한다.

오로지 보이차의 정통 제다 기술을 보전하기 위해서였다.

그 당시 추병량 선생은 공장을 지을 부지를 찾을 수 없었는데, 결국 곤명시(昆明市)에서 차로 40분 거리에 있는 안녕시(安寧市) 녹표진(祿膘鎭)의 해만촌(海灣村) 당국에서 이미 폐기된 방직 공장의 부지를 지정해 주었다. 그리하여 그의 차창은 해만촌에 자리를 잡은 것이다. 이와 함께 추병량 선생은 '해만(海灣)'을 차창의 이름으로 사용하였다. 그 이유는 모든 직원이 '이 차창은 해만촌에서 시작되었다'는 사실을 영원히 기억해 주기를 바랐기 때문이다.

추병량 선생은 보이차를 제다할 때 줄곧 높은 기준을 고수해 왔는데, 해만차창도 물론 예외가 아니었다. 새로운 기준을 정립하는 일 외에도 해만차창은 새로운 시장을 개척하면서 지금은 한국, 일본 등에도 상품을 수출하고 있다.

또한 '식품 안전 및 잔류 농약'에 대한 300건 이상의 검사에서도 불검출 결과를 받았을 뿐만 아니라, 중국의 수출 검사 및 수출 승인 인증서, 그리고 유럽 해섭(HACCP) 인증도 획득하였다. 제다의 품질도 일반 소규모 공장(작업장)과는 큰 차이가 날 정도로 훌륭하였다.

운남성 곤명시(昆明市)의 현급 시인 안녕시(安寧市) 해만박물관의 벽면에 전시된 해만차창의 역사적인 유물들.

『홍인(紅印)』, 『녹인(綠印)』 중 무엇이 더 고품질인가?

1950년 이후, 국영맹해차창에서 주로 생산되었던 인자급(印字級) 보이차[11]였던 『홍인(紅印)』, 『녹인(綠印)』, 『황인(黃印)』 등은 모두 병배 기준이 없었던 시절에 생산되었다. 국영맹해차창 초창기에 제작된 보이차들은 병 모양, 원료 등급, 원료 산지에 대한 설명이 표시되지 않은 탓에 진품의 판별도 어렵다. 시장에서는 『홍인(紅印)』을 '현대의 보이공차'라고 부르지만, 호자급(號字級)[12] 보이차의 역사적인 배경과 비교하면 그 자료가 턱없이 부족하다.

『홍인(紅印)』과 『녹인(綠印)』의 판별에 대해서 대만 전문가들은 그다지 어려운 일이 아니라고 말한다. 『홍인(紅印)』은 맛이 순하고 무거운 것이 특징이며, 좋은 『녹인(綠印)』도 맛에서는 그에 뒤지지 않는다. 그럼에도 『홍인(紅印)』이 인기가 더 높은 것은 보이차 자체가 좋은 것도 있지만 소비자의 심리적인 영향도 있다고 한다. 결국 보이차의 가격은 '보관 상태', '시장에서 소장하고 있는 수량', '소비자의 심리 및 선호도'에 의해 결정된다.

보이차의 역사에서 호자급 골동보이차는 청나라에서 중화민국 시대까지 이어졌다. 1940년대 이후 중차공사(中茶公司)가 운남성에서 차창들을 설립하면서부터 보이차 생산의 국영화가 시작되었다. 추병량 선생과 노국령 선생은 각각 1957년과 1959년에 국영맹해차창에 입사하여 국영맹해차창의 역사에서 한 페이지를 장식한 사람들이다.

등시해(鄧時海) 선생이 저서 『보이차(普洱茶)』에서 『홍인(紅印)』, 『녹인(綠印)』을 소개하기도 하였지만, 많은 차 애호가들은 들어 보기는

---

11) 1940년부터 생산된 소위 '팔중차(八中茶)'를 가리킨다. 상품 로고에 '차(茶)'는 수작업으로 물감을 덧씌웠던 것이기 때문에, 훗날 색상의 차이가 드러나면서 『홍인(紅印)』, 『황인(黃印)』, 『녹인(綠印)으로 불렸고, 일반적으로 '인급차(印級茶)'라고 한다.

12) '호급자(號級字)' 또는 '골동보이차'라고 한다. 청나라 말부터 1940년까지 이무산(易武山)을 비롯한 개인 차창에서 생산하여 판매한 보이차이다. 『백년송빙호(百年宋聘號)』, 『동흥공병(同興貢餠)』, 『동경호(同慶號)』, 『동창노호(同昌老號)』, 『송빙경호(宋聘敬號)』 등이 그 예이다.

대홍인(大紅印)

- 장소, 차병 제공 : 엄장(釅藏)/촬영 : 왕림생(王林生).

을급녹인(乙級綠印)

- 장소, 차병 제공 : 엄장(釅藏)/촬영 : 왕림생(王林生).

소황인(小黃印)

- 장소, 차병 제공 : 엄장(釅藏)/촬영 : 왕림생(王林生).

하였지만 한 번도 마셔 본 적이 없는 경우가 대부분이었다. 따라서 그에 대한 많은 것들이 수수께끼로 남아 있는 것이다.

그렇다면 『홍인(紅印)』, 『녹인(綠印)』의 차이점은 과연 무엇인가? 이에 대하여 노국령 선생은 다음과 같이 친절하게 설명해 주었다.

"무슨 차이가 있겠어요? 초기에 차 상품들은 일괄 구매하고, 일괄 판매하였죠. 중차공사에서 주문을 내리면 저희는 주문에 따라 만들었죠. 가격과 비용이 정해지면 주문에 따라 다양한 맛과 향을 만들었어요. 단지 그때는 '모료(毛料)[13]'의 등급에 대한 상세한 주문이 없었어요. 『홍인(紅印)』, 『녹인(綠印)』의 포장지도 중차공사에서 제공하는 종이를 그대로 사용했을 뿐이에요. 그 시대에는 중차공사에서 특별히 요구한 사항이 없었기에 명확한 구별이 없었지요."

포장지에서 단서를 찾아보다!

『홍인(紅印)』, 『녹인(綠印)』, 심지어 1970년대, 1980년대의 칠자병차(七子餠茶)의 포장지에 인쇄된 글꼴은 어떻게 이토록 많은 판형이 존재하는가? 추병량 선생과 노국령 선생에 따르면, 당시 국영맹해차창은 생산만 하고, 판매는 중차공사 운남성분공사의 책임이었으며, 『7542』의 포장지는 운남성분공사에서 보낸 것으로 그냥 포장되었다고 한다. 이에 부연하여 추병량 선생은 다음과 같이 설명해 주었다.

"중차공사에서 보냈던 포장지는 두세 곳의 인쇄소에서 인쇄한 것이어서 색상, 사용한 잉크, 판형이 모두 달랐던 거예요. 가끔은 한 묶음의 상품이지만, 다른 포장지로 포장될 때도 있었어요. 붉은색의 운남칠자병이 있는가 하면 녹색의 팔중차도 있었는데, 그 모두가 인쇄소가 달랐기 때문이랍니다."

---

13) 보이차를 만들기 위하여 신선한 찻잎을 위조, 살청, 쇄청 등의 가공을 거쳐 만든 건모차(乾毛茶)이다. 생차와 숙차를 가공하기 위한 원료 차로 산차(散茶)의 형태이다.

병배에는 표준 등급이 있었지만, 포장지에는 그런 기준이 없었다
는 사실을 아무도 생각하지 못하였다. 포장지를 통해 『7542』의 진위를
판별하려면 경험과 증거에 의존해야만 한다.

당시에는 12통(筒)의 보이차를 하나의 대나무 광주리에 담았는데,
이를 '일지차(一支茶)'라고 불렀다. 광주리마다 '지표(支票)'-내표(內
票)라고도 한다-1장을 넣었는데, 여기에는 생산 연도와 제품에 대한
설명이 명확하게 기재되었다.

녹색 상의의 양영황(梁永煌) 씨와 붉은 상의의 설명령(薛明玲) 씨가 함께 이무(易武) 산지를 방문할 당시의 모습.
차창 관계자들이 12통(筒)의 보이차를 1개의 대나무 광주리에 포장하는 것을 '일지차(一支茶)'라고 설명해 주었
다/촬영 : 유건림(劉建林).

한 예로 1951년~1975년에 생산된 노차(老茶)들을 포장지로 식별
하는 방법에는 '대구중(大口中)', '소구중(小口中)', '단미칠자(短尾七
字)', '장미칠자(長尾七字)', 또는 '팔중녹색(八中綠色)'을 살펴보는 것
이 있다. 또는 '차(茶)'자가 가운데에 인쇄되었는지, 아니면 다른 곳에
인쇄되었는지를 살펴본다.

그동안 포장지의 표기가 완전하지 않은 탓에 판별에 논란도 많았
고, 또한 제한된 참고 자료를 비교하면서 노차를 판별할 수밖에 없었
던 상황에서 추병량 선생의 설명으로 정정할 수 있었다. 이러한 이유로
'오래된 차는 내력을 살피고, 새로운 차는 이력을 나타내야 한다'는 주
장이 나온 것이다.

『7542』는 추병량 선생의 배방(配方)!

2018년 홍콩의 사굉(仕宏) 경매장에서 『7542』, 『8582』 등 1970년대, 1980년대의 보이차 상품들이 경매 최고가를 기록하자, 윗챗(WeChat)에서는 "일대종사 추병량 선생에게 경의를 표한다!"는 문구가 올라왔다.

과거를 회상하면서 추병량 선생은 감격에 겨워 "『7542』의 첫 병배는 나의 배방(配方)이었다"고 말하였다. 이 배방(配方)은 일종의 보이차 '레시피'를 뜻한다.

2000년도 이후에는 고수차의 순수한 찻잎으로 제다한 상품이 현대 보이차의 주류로 자리를 잡았다. 이러한 추세에 대해서도 추병량 선생은 다음과 같이 설명해 주었다.

"보이차는 모두 교목류를 사용하는데, '대지차(臺地茶)[14]'는 사실 그 교목류가 찻잎의 산출량이 많은 관목으로 개량된 품종이에요. 당시 국영맹해차창에서는 주로 홍차를 생산했기 때문에, 주원료는 홍차를 생산하는 데 대부분 사용되었어요."

노국령 선생은 당시 국영맹해차창에서 홍차의 단가 및 등급별 기준을 만든 사람이었다. 대량 생산을 위한 차밭, 즉 '고산차원(高産茶園)'에서는 1950년대 이후부터 차나무의 시험 재배를 시작하여 1970년대에 비로소 찻잎을 생산할 수 있었고, 1980년대 이후에야 그 차나무들은 많이 보급되었다고 한다.

국영맹해차창은 생산성을 높인 고산차원(高産茶園)[15]의 원료 대

---

14) 현대적인 기술을 사용하여 산출량이 높은 다원에서 생산되는 찻잎을 말한다. 일반적으로 나이가 어린 새로운 품종이고, 차밭을 계단식으로 만들기 때문에 '대지차(臺地茶)'라고 부른다.

15) 중국은 1950년 이후부터 계획경제를 실시하였기 때문에 모든 차창은 국가에서 정한 생산량에 도달해야만 하였다. 대량 생산을 위한 인공 재배와 관리를 진행한 계획경제의 다원을 '고산차원(高産茶園)'이라고 한다.

부분을 홍차와 녹차의 생산에 사용하였다. 이는 홍차와 녹차의 경우보다 보이차의 수요가 현저히 적었기 때문이다.

또한 높은 품질의 원료가 부족하였기 때문에 당시 보이차는 운남 지역의 백족(白族), 태족(傣族), 와족(佤族), 포랑족(布朗族) 등 소수민족의 마을 주변에 있는 거의 모든 대수차(大樹茶)에서 수확한 굵고 큰 낮은 품질의 찻잎을 원료로 만들었다고 한다. 따라서 1970년~1980년대의 전통적인 보이차는 찻잎이 '대지차'가 아닌, '대수차(大樹茶)', '고수차(古樹茶)'였다.

1957년 국영맹해차창에 입사한 추병량 선생은 상품검사반의 학생 시절에서부터 보이차 생산 검사, 품질 기준을 확보하고, 또 고산차원을 조성하여 경제적인 수익을 내기까지 거의 모든 과정에 참여하였다. 국영맹해차창 초창기에 추병량 선생은 큰 공을 세웠지만, 그는 결코 공을 앞세우지 않았고 차인(茶人)으로서의 겸손한 품격을 보여 주었다.

얇은 종이로 포장된 『7542』
- 장소, 차병 제공 : 엄장(醶藏)/촬영 : 왕림생(王林生).

제다 과정을 검수하고 있는 추병량 선생의 모습(왼쪽).

작업장에서 모차 원료의 선택 단계에서부터 제다 과정을 두루 살펴보는 추병량 선생의 모습(왼쪽).

갓 딴 신선한 찻잎을 자세히 검수하고 있는 추병량 선생의 모습/사진 제공 : 해만차창.

제3장

병배 이론의 체계화와
국영맹해차창의 융성기!

상품차(商品茶)를 만들기 위한 병배 체계

보이차의 세계에서 '생보(生普)', 즉 보이생차(普洱生茶)는 특정 지역의 단순한 차청(茶靑)으로 만드는 것이 좋은가, 아니면 여러 산지에서 온 다양한 품질의 차청을 '병배(拼配)'하는 것이 더 좋은가?

또 '숙보(熟普)', 즉 보이숙차(普洱熟茶)와 달리 보이생차의 '병배'에는 와인의 '메리티지(Meritage)'와 비슷한 반복의 과정이 있다. 추병량 선생은 "제가 칠자병차의 병배 체계를 만들었지만, 병배의 고유 번호, 즉 맥호(嘜號)는 중차공사 운남성분공사에서 일괄적으로 매긴 것"이라고 말하였다.

앞의 두 자릿수는 배방(레시피)의 개발 및 확립 연도를, 세 번째 자릿수는 주원료인 차청의 등급을, 네 번째 자릿수는 차창의 번호이다. 『7542』를 예로 들면, 1975년에 개발 및 확립된 배방으로 4등급의 차청을 주원료로 사용하여 국영맹해차창(2는 맹해차창 번호)에서 생산된 상품차라고 이해하면 된다.

1970년대 중후반부터 생산된 상품차로서 『7542』, 『7532』, 『8582』 등 생차와 국영맹해차창에서 생산한 숙차 계열의 칠자병차들은 보이차의 역사에서 모두 '병배차(拼配茶)'로 규정하였다.

국영맹해차창과 함께 양대 보이차 차창으로 불리는 '하관차창(下關茶廠)'은 1985년에 맹해차창에서 칠자병차의 제다 기술을 배운 뒤 정식으로 '하관칠자철병(下關七子鐵餅)[16]'인 『8863』(3은 하관차창 번호)을 생산하였는데, 이 역시 생차의 병배차이다.

『7542』는 표준화 배방(配方)의 분수령!

1970년대는 선대의 맛을 계승하면서 개방적이고 진보적인 분위

---

16) 1950년~1970년대 프레스 압착 방법으로 제작된 칠자병차. 차병의 겉면이 편평하고, 후면에 돌기 모양이 있다. 긴압도가 강하여 쇠같이 딱딱하여 '철병(鐵餅)'이라고 한다. 찻잎을 철병으로 압착하면, 찻잎 사이의 밀도가 높아져 후발효의 속도가 느려진다.

기를 보였는데, 이 시기는 보이차의 역사에서 중대한 분수령이자 중요한 시대이다. 이 시대는 일종의 재래식 생산의 관념을 대표하면서 동시에 새로운 생산 시대도 열었기 때문이다. 당시 계획경제의 대량 생산 및 수요는 후대의 보이차 생산 개념에 직접적인 영향을 주었고, 운남성에서 차나무의 재배 방식에도 간접적인 변화를 주었기 때문에 1970년대는 새로운 가치의 출발점이었다.

병배의 고유 번호, 즉 맥호의 『7542』에서는 '배방(配方)'이 대표하는 뜻을 이해할 수 있다. 차청의 등급을 병배의 근거로 삼은 것은 개인 상호(商號)에서 제다한 다양한 지리적인 특성을 띠는 상품들과 확연히 구분되었다. 1950년에서 1970년 사이인 『중차패원차(中茶牌圓茶)』의 시대에 포장지에 원산지 표시가 전혀 없었던 점과 비교하면 확실히 개선된 점이었다.

또한 『7542』의 등장은 보이차를 정량적으로 생산할 수 있다는 것을 의미한다. 표준화된 배방의 기준에 따라 생산된 제품은 안정적이고 고른 품질을 가질 수 있다.

표준화된 배방으로는 대량으로 생산할 수 있었고, 차창에서 병배 및 원료의 선정에서 일정한 기준을 가지고 안정된 품질을 유지할 수 있었기 때문에 표준화된 상품을 판매하는 데 기초로 삼았다. 즉 보이차의 표준화가 시작된 것이다.

맥호가 다른 표준 상품은 차청의 병배가 다르다는 것을 의미한다. 다만 오늘날과 다른 점이 있다면, 1985년도 이전의 모든 차청은 절기에 따라 분류되었다는 사실이다. 즉 1970년대 칠자병차는 절기의 '봄차' 개념이 있었다. 그런데 1985년도 이후부터 운남성분공사가 절기 요소를 폐지하면서 차청의 분류도 단순화되었다. 이는 역으로 당시 생산량이 너무도 방대하여 그러한 조치가 취해졌음을 알 수 있다. 따라서 1985년 이후에 생산된 운남칠자병차의 표준 상품에는 '봄차'의 개념이 없다.

병배는 '보이차의 영혼'?!

보이차에서 '병배'와 보르도 레드 와인에서 '블렌딩'은 원리적인 측면에서 크게 다르지 않다. 프랑스 보르도 레드 와인의 블렌딩으로 형성된 풍부한 맛과 향은 전 세계인의 사랑을 받고 있다. 다만, 매년 기후와 생태의 변화에 따라 블렌딩의 비율이 조금씩 조율되고, 배합된 포도 품종의 비율도 조금씩 달라지면서 연도에 따라 풍미에서 큰 차이가 발생한다. 보이차도 같은 원리이다.

교소원차(僑銷圓茶)[17]에서 칠자병차의 시대에 이르기까지 국영맹해차창에서 생산한 상품차들은 국내외 시장에서 외연을 확대하는 중요한 임무를 띠고 있었다. 1970년대에 발전한 병배의 규정은 보이차의 생산 기술을 표준화하기 위한 '암호'와도 같다.

병배가 '보이차의 영혼'이라고 불리는 이유에 대하여 추병량 선생은 "병배는 차창에서 진행하는 '모차의 검수 및 등급 확정', '정제 가공', '반제품의 병배'의 3대 가공 과정 중 하나"이기 때문이라고 밝혔다.

보이차 상품에서 품질의 우열과 원료의 사용 가치가 얼마나 발휘되었는지는 바로 병배를 통해 나타난다. 왜냐하면 병배를 통해서만이 색, 향, 맛, 형(型)이 표준에 부합되고, 더 나아가 무역과 거래에도 부합되기 때문이다. 이러한 병배를 통해 비로소 상품에서 품질의 안정성과 일관성이 담보되고, 또 그 품질을 바탕으로 브랜드의 가치가 창조되며, 그 가치는 저장을 통해 더욱더 증폭시킬 수 있는 것이다.

병배에는 '12자의 공식'이 있다

보이차 병배 기술의 요령은 다음의 12자로 규정할 수 있다고 한다.

"양장피단(揚長避短), 현우은차(顯優隱次), 고저평형(高低平衡)"

---

17) 1950년대 국영맹해차창에서 생산된 『갑급중차패원차(甲級中茶牌圓茶)』는 해외 화교 지역에 판매하였기 때문에 '교소원차(僑銷圓茶)'라고도 한다.

이는 추병량 선생이 보이차를 만들었던 경험에서 나온 기술의 핵심이다. 먼저 '양장피단(揚長避短)'은 운남대엽종의 찻잎이 크고 튼실하면서 새싹과 찻잎이 완전한 특성을 발휘하여 원료의 경제적인 가치를 최대한으로 끌어올려야 한다는 뜻이다. 이때 원료는 다양한 산지의 '봄차', '여름차', '가을차'이고, 또한 같은 산지일지라도 찻잎을 따는 시간과 위치에 따라서 그 맛과 향, 외형에서 각각 '우열'과 '장단점'이 있다. 따라서 병배 전에 찻잎을 먼저 차 산지에 따라서 분류한 뒤에 '봄차', '여름차', '가을차'로 다시 분류하면서 장점으로 단점을 보완하여 보이차 상품의 특성을 최대한으로 끌어올리는 것이다.

'현우은차(顯優隱次)'는 주로 반제품(半製品)에서 품질상의 우열을 조화롭게 배합하는 것이다. 이 반제품은 모두 하나의 분류기에서 모아 놓은 '단기사호차(單機篩號茶)'이기 때문에 원료의 산지, 차청의 등급, 채엽 시기, 산과 평지 등에 차이가 있고, 발효의 경중(輕重)에 따라서 상품의 우열이 갈린다.

또한 각각의 분류기로 모은 찻잎마다 크기, 길이, 굵기, 무게 등에서 차이가 있다. 예를 들면 어느 산지의 찻잎을 원료로 생산한 7등급 3호의 차일 경우에는 찻잎의 외형[18]이 느슨하고 편평하며, 줄기와 파편들이 많이 뒤섞여 있다.

병배할 때 1등급인 다른 산지의 튼실한 찻잎을 병면(쇄면, 겉면)에 드러나게 사용하고, 등급이 낮은 찻잎을 속에 넣어 사용한다면, 외형의 단점을 숨기고 동시에 내적인 품질의 장점은 부각할 수 있는 것이다.

'고저평형(高低平衡)'은 보이차의 표준 상품 또는 무역이나 거래의 표준을 근거로 높은 품질의 찻잎에는 낮은 품질의 찻잎을 배합시키고, 낮은 품질의 찻잎에는 높은 품질의 찻잎을 배합하여 전체 품질의 균형을 맞추는 것이다.

---

18) 건조 찻잎의 모양에도 일정한 사용 규칙이 있다. 찻잎의 굵기, 부드러움, 분쇄 상태, 굳기의 여부는 모두 최종 품질에 영향을 준다.

동일 등급으로 분류된 차청이라도 산지, 계절, 지형, 가공 경로(加工經路: 本身路, 圓身路, 輕身路)[19], 이물질 제거 정도 등에서 품질이 일정하지 않기 때문에 균형을 맞춰 주어야 한다. 향, 맛, 탕색(湯色)(찻빛), 엽저(葉底)(우린 찻잎) 등이 매번 가공할 때마다 서로 다른 상황이 발생하여 최종적인 향미 자체도 천차만별이기 때문에 더욱더 균형을 잘 맞춰 주어야 한다. 이같이 고저평형은 모든 병배의 처음부터 끝까지 일관하는 원칙으로서 모든 반제품의 품질과 완성품의 8가지 평가 기준[20]이 균형에 도달한다면, 상품 품질의 상대적인 안정성을 보증할 수 있다.

병배 코드 : 다섯 가지의 배합법

1. '조색(條索)'과 '외형(外形)'의 배합

찻잎의 모양인 조색(條索)은 외형의 4요소 중에서도 가장 중요한 요소이다. 따라서 병배할 때 제일 먼저 원료 찻잎인 차청의 부합 표준을 확실히 알고 있어야 한다. 특히 차병의 겉면을 이루는 '면장차(面張茶)[21]'는 차청의 등급이 표준이거나 더 높아야 한다. 차병의 겉면에 차청을 잘 사용하면, 중·하단 차청의 등급이 좀 떨어지더라도 전체에 대한 영향은 그다지 크지 않다.

만약 어떤 특정한 등급의 차청을 사용할 때 겉면에 사용할 차청이 푸석하거나 단단하지 않다면 처음부터 병배에 사용하지 않거나, 더 높

---

19) 길이, 두께, 무게 등 상품의 모양과 품질에 따라 별도의 원료 선택과 가공을 진행하는 기술이다. 본신로(本身路)는 분류기로 모은 찻잎 중에서도 조색(條索)이 가늘고 가장자리가 날카로우며 잎자루가 부드러운 것으로 상품을 만드는 가공 과정이다. 원신로(圓身路)는 짧고 굵으며 잎자루가 덜 부드러운 찻잎을 두 번 또는 두 번 이상 잘라서 '모차두(毛車頭)'를 가공하는 것이다. 경신로(輕身路)의 가공에 사용되는 찻잎은 거칠고 가벼운 것으로 쉽게 부서지는 특징이 있다.

20) 차에 대한 심사평가의 근거로서 외형의 4가지와 내적인 품질의 4가지를 말한다. 외형은 모양, 색깔, 균일함과 깨끗함에 대한 평가이고, 내적인 품질은 향기, 맛, 탕색(찻빛)과 엽저(우린 찻잎)에 대한 평가이다.

21) 등급이 높은 「상단차(上段茶)」로서 압병할 때 겉면에 사용되는 찻잎이다. '쇄면차(洒面茶)'라고도 한다. ↔ 이차(理茶)

은 등급의 차청을 구하여 사용하거나, 아니면 사용량을 대폭 줄여야 한다. 그 다음에 등급이 좀 떨어지는 중·하단의 차청을 사용한다. 면장차의 특성을 잘 파악하면 전체 외형을 보증할 수 있다.

2. 반제품 원료의 계절에 따른 배합

보이차의 원료 차에는 '봄차', '여름차', '가을차'가 있다. 먼저 봄차는 차나무의 성장이 왕성하여 새싹과 찻잎이 두툼하고, 유효 성분이 풍부하다. 또한 펙틴(pectin) 함유량이 많아서 가공된 반제품은 찻잎이 튼실하고 묵직하며, 맛이 진하고 우린 찻잎(엽저)도 부드럽다.

여름차와 가을차는 각 계절의 기온이 비교적 높아 찻잎의 성장도 빨라서 다 자란 찻잎이 많아 쉽게 노화한다. 펙틴의 함유량도 비교적 적어 반제품은 대체로 푸석하고, 찻잎의 줄기와 파편들도 많고, 맛도 연한 편이다. 따라서 외형과 품질이 봄차보다 뒤떨어진다.

각기 다른 계절에 생산된 찻잎은 품질도 서로 달라 반드시 봄차, 여름차, 가을차는 나눠서 발효시키고, 또 따로 쌓아놓아야 한다. 상품의 특성에 따라 병배의 비율을 합리적으로 조절하여 완제품의 품질을 통일시켜야 한다.

3. 반제품의 생산지에 따른 배합

운남성 차 산지의 모든 대엽종 쇄청모차(曬青毛茶)로는 운남 보이차를 만들 수 있다. 각 산지의 기후, 토양, 강우량이 저마다 달라 생산된 찻잎 또한 특성이 다양하다. 물론 공통성도 있지만, 지역적인 개성도 있어서 장점과 단점이 각각 있다.

큰 차창에서는 채엽에서부터 재료의 선택과 배합, 초벌 가공, 정제 가공까지 모두 엄격한 기준을 따르고, 병배의 견본 차를 남겨 표준화 작업을 진행한다/촬영 : 한금당(韓錦堂).

여러 산지의 찻잎으로 보이차를 만들 때 장점은 북돋우고, 단점은 보완하거나 가려서 전체적인 균형을 맞추면 병배를 통해 운남 보이차의 특성을 잘 살릴 수 있다.

4. 반제품 원료의 해발고도 차이에 따른 배합

각 산지의 쇄청모차는 해발고도에 따라 '고산차(高山茶)', '저산차(低山茶)', '평지차(平地茶)'가 있다. 고산차는 산지에서 운무가 피어올라 단백질, 아미노산과 방향성 물질의 합성에 유리하여 찻잎에 함유된 성분들이 풍부하고 맛도 진하다. 이것을 발효시켜 만든 반제품은 찻잎이 두툼하여 오래도록 우러난다(내포성이 좋다).

저산차와 평지차는 성장의 조건이 고산차에 뒤떨어지기 때문에 발효를 거쳐 생산된 반제품은 고산차보다 품질이 못하다. 따라서 저산차와 평지차를 고산차와 병배하여 장점과 단점을 상호 보완하면 최종 상품의 품질을 고르게 유지할 수 있다.

차창의 차엽 병배 리스트.

5. 발효 정도에 따른 배합

발효 정도에 따른 배합은 보이산차(普洱散茶)의 완제품 병배에서 가장 중요한 요소이다. 발효는 보이차의 색, 향, 맛을 형성하는 과정이다. 따라서 발효의 기술 수준에 따라 상품의 최종 품질이 달라지고, 색, 향, 맛에서도 커다란 차이가 생긴다.

따라서 병배할 때 보이차는 발효된, 즉 '진화(陳化)'의 차라는 특성에 주의해야 하며, '색향미형(色香味形)'도 결국 '진화(陳化)'에서 드러난다. 병배 전에는 원료의 단일 최종 등급의 차, 즉 '단호차(單號茶)'를 우려서 그 찻물을 평가한다. 그리고 발효 정도의 경중 및 우열과 반제품의 저장 기간에 따른 장단점, 저장 과정에서 색, 향, 맛의 변화 상황을 명확히 이해한 뒤 경중(輕重)에 따른 배합, 우열에 따른 배합, 신구(新舊)에 따른 배합을 통해 보이차만의 특색을 더욱더 발현시킬 수 있다.

병배는 보이차 가공 과정의 전체를 거치면서 원료의 복제와 가공의 귀착점으로서 보이차의 생산에서 주도적인 역할을 한다. 그러한 이유로 인해 병배 기술자는 가공 과정과 밀접하게 연계하여 생산 기술을 숙지하고 병배 요령을 터득하여 품질을 개선하고 최종 상품이 표준에 부합하도록 만들어 원료의 경제적인 가치를 최대한으로 높인다. 아울러 상품의 특성과 개성을 기반으로 장점은 부각하고 단점은 가려서 상품 고유의 스타일을 갖추게 한다.

인위적인 속성 발효인 악퇴(渥堆) 과정에서 모차 원료의 발효 상태를 살펴보는 추병량 선생의 모습 / 사진 제공 : 해만차창.

『7542』와 『8582』를 구분하는 세부 사항

자로써 차병의 지름과 두께를 검수하는 추병량 선생의 모습.

대만의 대북(大北) 지역에서 몇몇 차 전문가들이 『7542』, 『8582』의 진위와 생산 연도를 어떻게 구별하는지 본 적이 있다. 그들의 견해는 거의 같았다.

병형(餅型), 즉 차병의 모양으로 예를 들면, 국영맹해차창의 상품들은 두께에 대한 일정한 기준이 있다는 것이다. 지름은 19.5~20.5cm로 모양이 너무 납작하여 지름이 너무 크거나 모양이 둥근데, 만약 이보다 지름이 짧으면 가짜일 확률이 높다는 것이다.

또한 종이로 포장된 국영맹해차창의 보이차들은 공장 노동자들이 같은 규격으로 한 줌씩 주름을 잡아서 포장한 것으로 작은 차이가 있을 뿐 각양각색은 아니라는 것이다.

장기적으로 보관할 경우에 벌레가 생기는 일은 피할 수 없는데, 벌레 구멍이 자연적인 것인지, 인위적인 것인지를 분별하는 것도 진위를 밝히는 데 참고할 사항이다.

몇 년 전에 보이차를 추병량 선생에게 보이면서 감별을 부탁하고 선생의 사인을 요청하는 사람들이 있었는데 모두 거절당하였다.

보이차에 벌레가 생기는 일은 피할 수 없다 / 장소 제공 : 신방춘차행(新芳春茶行) / 촬영 : 왕림생(王林生).

추병량 선생은 국영맹해차창에서 생산한 보이차는 절대 감별하지 않는다는 원칙을 갖고 있기 때문이다. 이에 대하여 추소란 씨는 해명하였다.

"돈을 내고 구입했으면, 차는 그냥 마시는 것이지요. 아버지는 시장이 이미 혼란스러운데, 자신의 사인이 남용되면 혼란을 더할까 봐 걱정하시는 거예요."

추병량 선생은 『7542』든지, 『8582』든지 간에 모두 판에 박힌 맛은 아니라고 설명하였다. 또한 당시에 병배할 때 찻잎의 등급이 있어도 산지의 기후가 해마다 변하기 때문에 매년 일정한 맛을 유지하려면 반

드시 그해의 서로 다른 산지의 풍
토에 따라 미세하게 조정해야 좋
은 맛을 낼 수 있었다고 한다.

이 당시는 유명한 차 산지가
없었던 시절이었기에 산지를 비
교하지는 않았다고 한다. 등급 기
준만 맞추고 기타 조건들은 모두
동일하게 취급하였기 때문에 보
이차의 맛은 다양할 수밖에 없었

국영맹해차창의 노동자들이 얇은 종이를 손으로 한 줌
씩 주름을 잡는 방식으로 보이차를 포장한 상품.

던 것이다. 이는 '동적 조정'에 해당하는 것이다.

같은 등급의 다른 원료들을 병배해 원하는 맛을 내다!

추병량 선생은 병배를 중요시하고 등급으로 정의하였지만 그것
을 정해진 공식으로 생각하지는 않았다. 그는 고객의 취향에 따라 같
은 등급의 다른 원료로 개별적인 맛을 만들 수 있었기 때문이다. 이는
외부에 알려지지 않은 비밀이다. 1970년대의 『7542』나 1980년대의
『8582』가 맛이 다양한 이유이기도 하다.

추병량 선생이 만든 『7542』와 『8582』는 모두 고객의 주문에 따라
만듦과 동시에 병배의 등급 기준도 따랐기 때문에 이 사실을 모르는 외
부에서는 상품차가 모두 단일한 맛일 것이라는 오해를 낳았다.

그런데 실은 동일한 맥호의 보이차라도 다른 맛을 갖고 있다. 그것
은 주문자의 취향에 따라 서로 다른 산지의 원료로 만들었기 때문이다.
원료의 등급과 번호, 품명만 동일할 뿐이었다. 이에 대하여 추병량 선
생은 다음과 같이 설명한다.

"고객마다 원하는 맛이 달랐기 때문에 그 맛이 나올 때까지 주문자
와 같이 계속 시음하고 끊임없이 조절했어요. 이건 결코 비밀이 아니에
요, 그동안 아무도 물어보지 않았을 뿐이에요."

『8582』의 기원

　『8582』의 첫 상품은 어떻게 만들어졌을까? 일괄 구매, 일괄 판매가 시행될 당시 홍콩에서 운남의 보이차를 수입하려면 중차공사 운남 성분공사의 국영 유통 판매 시스템을 통해야 가능하였다.

　그런데 국영맹해차창은 생산만 담당할 뿐 판매에는 절대 개입할 수 없었다. 1985년 이후에야 차의 유통 개혁이 이루어지면서 각 차창

1988년 홍콩 남천공사의 주종 사장(가운데)과 추병량 선생(오른쪽)이 보이차 상품을 살펴보고 있는 모습 / 사진 제공 : 해만차창.

홍콩 남천공사(南天公司)의 주종(周琮) 사장(왼쪽)과 추병량 선생(오른쪽)이 보이차의 제다 기술을 논의하는 모습 / 사진 제공 : 해만차창.

마다 자유롭게 보이차를 판매할 수 있었고, 홍콩에 판매 시스템도 개방되었다. 이때부터 홍콩 남천공사(南天公司)가 국영맹해차창에 보이차를 직접 주문하여 수입하기 시작한 것이다.

1984년 국영맹해차창의 공장장으로 취임한 뒤부터 추병량 선생은 홍콩으로 수출하던 칠자병차 『7542』의 생산을 매우 중요시하였다. 홍콩 남천공사는 국영맹해차창의 중요한 고객사였는데, 추병량 선생은 특히 남천공사의 주종(周琮) 사장과 만나서 『8582』를 탄생시킨 일화에 대해 언급하였다.

1985년 주종 사장은 국영맹해차창을 방문하여 추병량 선생과 보이차의 가공 공예에 관하여 대화를 나누면서 그에게 『7542』에 대해 아쉬운 점을 느끼는 고객들의 의견을 전하였다.

주종 사장은 추병량 선생과 함께 보이차의 가공 현장을 방문하여 차병과 찻잎의 맛에 대한 의견을 나누던 도중에 차의 기운(맛)이 강한 병배를 요청하였다. 굵고 큰 모차의 원료를 추가하고, 통기성은 『7542』보다 푸석하게 하여 자연 발효를 촉진할 수 있도록 요청하였다.

그 뒤 차의 맛과 차병의 모양에 대한 수많은 논의와 수정을 거쳐 드디어 홍콩의 고객들이 원하는 배방을 찾았다.

맥호 『8582』에 숨겨진 호자급보이(號字級普洱)의 비밀

『8582』의 첫 상품에 대하여 등시해 선생은 한 매체에 다음과 같이 기고하였다.

"2018년 10월에 출간된 잡지 〈보이(普洱)〉에서 주종 사장은 추병량 선생에게 '호급차와 같은 운남의 맛(쇄청모차에서 느껴지는 햇볕의 맛)'을 느낄 수 있는, 즉 고삽미(苦澁味)가 있되 과하지 않고, 마시면 발한이 잘되는 차를 원한다'고 요청한 적이 있다. 나중에 임창(臨滄) 지역의 찻잎을 병배한 뒤 맛이 순후(醇厚)하고 차의 기운이 강한 것이 호급차와 비슷해졌다. 결국 『8582』는 호급차의 수수께끼가 담긴 차라고 나는 생각한다"

당시 주종 사장이 추병량 선생에게 『7542』와 다른 병배를 주문하
였던 이유는 과거 호급차와 같이 농후한 맛이 있을 뿐만 아니라, 장기
보관한 뒤에는 순후
한 맛으로 전환되기
를 원하였기 때문이
다.

1970년대 이후
차창에서는 차청의
등급으로 기준을 세
웠는데, 2급은 가늘
고 연한 '모첨(毛尖)'
이고, 4급은 '일아
일엽(一芽一葉)' 또
는 '일아이엽(一芽二
葉)'의 찻잎이다.

운남칠자병차류인 『8582』 대엽청(大葉靑)/장소, 차병 제공 : 엄장(釅藏)
/ 촬영 : 왕림생(王林生).

이 당시 『7532』,
『7542』는 등급이 비교적 높은 보이차였다. 호급차의 굵고 큰 찻잎은 8
급이나 9급의 모차 원료와도 같았기 때문에 원료 등급을 바꾸게 되었
다. 이와 관련하여 등시해 선생은 "『8582』는 잎이 굵고 큰 8급 모차 원
료를 주로 사용하여 후기 숙성에 유리하기 때문"이라고 그 배경을 설
명하였다.

한편, 당시 홍콩은 보이차 판매에서 계획경제의 해체를 앞두고 있
었다. 남천공사는 배방이 다른 신제품으로 새로운 경영 시스템을 운
영하였다. 운남중차공사는 추병량 선생의 배방에 따라 차병의 맥호를
『8582』로 결정하였다. 지난 수십 년 동안 노차 『8582』는 『7542』와 함
께 유명해졌고, 심지어 일부에서는 더욱더 큰 환영을 받고 있다.

군부대에서 처음으로 주문한 『88청』

노국령 선생이 국영맹해차창의 판매를 책임졌을 때 군부대와 관련된 일화가 있는데 『88청(八八靑)』이 바로 그 예이다. 2019년 11월 해만차창의 창립기념일일 때 『88청(八八靑)』에 대하여 누가 주문한 것인지, 어떤 특징이 있는지, 인기가 왜 높은지에 대하여 소개된 적이 있다.

추병량 선생은 그와 관련하여 "생차의 진하고 강한 맛을 좋아하는 광동 사람들이 주문한 것은 『7542』였고, 『88청(八八靑)』이라는 상품은 없었다"고 회고하였다. 그러나 노국령 선생은 "『88청(八八靑)』은 본래 군부대에서 주문한 것이지만, 나중에 요구하지 않아 광동 사람들에게 준 것"이라고 해명하였다.

처음에 누가 주문하였든지 간에 차의 맛이 진하고 강한 『7542』는 오랜 시간의 숙성을 거쳐 오늘날에는 풍미가 크게 빛나 수많은 차 애호가들로부터 깊은 사랑을 받고 있다.

2011년에 주문한 『해만일호(海灣壹號)』가 바로 『88청(八八靑)』과 같은 종류의 정품차(精品茶)이다.

「88靑(八八靑)」과 맛이 가장 비슷한 정품차 「해만일호(海灣壹號)」
촬영 : 왕림생(王林生).

장소 제공 : 신방춘차행(新芳春茶行) / 촬영 : 왕림생(王林生).

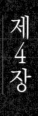

제4장

'국영맹해차창'의 전통을 계승한 해만차창(海灣茶廠)

20세기 말 추병량 선생과 노국령 선생은 해만차창(海灣茶廠)을 창립하였는데, 그 역사를 두 단계로 나눠 볼 수 있다. 첫 번째 단계에서는 국영맹해차창의 병배를 계속 이어가 '보이차인자급', '칠자병차'의 전통을 계승하였고, 두 번째 단계에서는 과거의 호자급(號字級) 상방문화(商邦文化)(혈연과 지연을 기반으로 같은 지역에 뿌리를 둔 상인 조합)를 기업의 새로운 문화로 정착시켰다.

국보급의 두 인사, 추병량과 노국령 선생

보이차 제다 기술을 전승한 국보급 인사인 노국형 선생(왼쪽)과 추병량 선생(오른쪽) / 사진 제공 : 해만차창.

전통 보이차의 전승자로서 추병량 선생과 노국령 선생은 단연 국보급 인사들이다.

보이차 근대 역사의 선두 주자였던 국영맹해차창이 국영 체제의 와해로 독립적으로 경영하면서 시장 경쟁에 나섰다. 두 인사가 설립한 해만차창은 시장의 치열한 경쟁보다는 제다 기술이 대대로 전승되기만을 희망하면서 묵묵히 차를 만드는 데만 주력하였다.

손에는 담배를 놓지 않고 차를 항상 마시는 노국령 선생은 국영맹해차창에 입사한 이래 언제나 추병량 선생의 좋은 동료였다. 비록 여성

포장지에 붉은 태양이 디자인된 「노동지(老同志)」(2002년)의 전차(磚茶).

포장지 디자인이 해바라기로 바뀐 「노동지(老同志)」의 병차(餅茶).

이지만 모든 사람이 '선생(先生)'으로 그녀를 존칭하였고, 보이차 업계에서도 노국령 선생을 모르는 사람이 거의 없다.

　　강직한 추병량 선생과 낙천적인 노국령 선생이 운영한 해만차창에서는 매우 독특한 보이차의 가족 문화가 형성되었다.

　　해만차창은 1999년에 창립되었다. 당시 포장지는 붉은 태양의 디자인을 사용하였지만, 훗날에 '붉은 태양'을 '해바라기'로 변경하고, 『노동지(老同志)』 상표로 등록하였다. 시장에서 『노동지(老同志)』는 줄

곧 10위 안에 드는 브랜드이지만, 정작 제다 공장인 해만차창은 그다지 잘 알려지지 않았다.

『노동지(老同志)』에 대한 이야기를 하나 들자면, 1997년 해만차창에서 『노동지(老同志)』 브랜드로 제작한 첫 번째 상품차에 위조를 방지하기 위하여 대나무를 넣어 압착하였다. 나중에 수많은 상인들이 그 대나무를 근거로 추병량 선생을 찾았고, 그를 '노동지(오래된 친구)'라고 정중하게 불렀다.

해가 갈수록 더 많은 사람들이 『노동지(老同志)』를 통해 해만차창을 찾았다. 추병량 선생과 노국령 선생은 『노동지(老同志)』의 국내외 명성과 영향력을 의식하여 디자이너를 통해 2002년도에 브랜드의 로고를 완성하였다.

기존의 도안에는 각각 풍년, 근면, 긍정성과 단결을 상징하는 밀, 낫과 도끼, 해바라기가 그려져 있었는데, 결국 해바라기 3개만 남긴 디자인을 선택하고 상표로 등록해 사용하였다.

노국령 선생의 위상

노국령 선생의 약 50년간 경영 경험은 그동안 해만차창의 발전에 큰 밑거름이 되었다. 두 사람은 성격이 다르지만, 추병량 선생은 기술의 관리를 책임지고, 노국령 선생은 기업의 전략과 관리를 주관하였다.

그녀의 미래 지향적인 경영 전략을 통해 해만차창의 명성은 날로 높아지고 있다. 가공 기술, 연구 및 개발, 무역 및 서비스를 통합하여 세계적인 기업으로 성장한 것이다.

노국령 선생은 명문가에서 태어났다. 그녀의 아버지 노준경(盧俊卿)은 운남권업은행(雲南勸業銀行) 은행장 겸 운석공사(雲錫公司) 회장이었고, 또한 당시 운남성 주석이었던 노한(盧漢)의 동생이다.

노국령 선생의 본관은 운남성의 소통시(昭通市)이고, 1933년에

보이차 업계에서 매우 유명한 노국령 선생 /사진 제공 : 해만차창.

같은 성의 개구시(箇舊市)²²⁾에서 출생하였다. 10세의 나이에 고향을 떠나 군에 입대하였다. 노동자, 농민, 상업, 학생, 병사, 정치를 모두 경험한 그녀였지만, 가장 중요한 경험은 역시 보이차였다.

경영대학이나 대학원을 다닌 적은 없지만, 독학으로 국영맹해차창의 총회계사가 되었고, 정량적 원가 관리의 모델도 창안하였다. 더욱이 이러한 일을 겸하여 거래처를 직접 찾아 보이차를 판매하였다. 한때 『대익(大益)』 브랜드가 사람들에게 잘 알려지지 않아 구매자가 없었을 때, 그녀는 『팔중차(八中茶)』를 구매하려면 반드시 『대익(大益)』과 함께 사야만 거래할 수 있는 판매 방식으로 『대익(大益)』의 시장 유통로를 개척해 주었다.

보이차는 운남성이 원산지인 전통 공예품이다. 소규모의 작업장

---

22) 운남성 홍하합니족이족자치주(紅河哈尼族彝族自治州)에 위치한 도시. 주석 생산으로 유명하여 '대륙석도(大陸錫都)'라고도 불린다.

이나 가족 운영 체제, 또는 기업의 형태로 운영된다. 그러나 추병량 선생과 노국령 선생같이 『노동지(老同志)』로 국영맹해차창의 전통을 계승하는 사람은 찾아보기 힘들다.

명확한 분업과 품질 요건을 계승한 해만차창의 2세대

보이차를 계승한 '해만 가족'의 2세들은 각자의 역할을 분담하고 있다. 왕해강(王海强)과 추소란(鄒小蘭) 부부는 일찍이 추병량 선생을 따라 국영맹해차창에서 근무하였다. 1999년 해만차창이 창립되면서 그들의 역할은 더욱더 분명해졌다.

추병량 선생의 아들 추소화(鄒小華) 씨는 '모차 선별의 전문가'로 통한다. 보이차 모차(毛茶)의 원료 선택은 최종 상품의 품질을 결정하는 전제 조건이다. 파사(帕沙) 지역에서 들여온 모차의 원료는 맹해현에 운송된 뒤 다시 팔공리(八公里)에 위치한 해만차창에 이른다. 이 팔공리는 지명인데 맹해현으로부터 8km 떨어져 있다고 하여 명명된 것이다. 이 고장에는 유명한 차업들이 많이 들어서 있다.

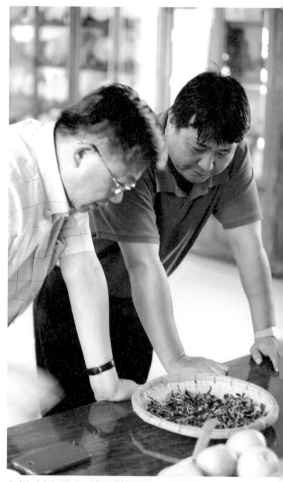

추병량 선생의 아들 추소화(鄒小華)(오른쪽). 보이차 업계에서는 '모차 선별의 전문가'로 통한다. 사진은 그가 설명령(薛明玲) 씨(왼쪽)에게 모차의 원료를 검수하는 방법을 설명하는 모습이다.

추소화 씨는 수년간 쌓아 온 경험으로 파사 지역에서 얻은 모차의 원료를 시험한다. 모차 원료에 대한 정밀 검사는 보이차의 최종 성패를 결정한다.

그의 심사평가 테이블 위에는 항상 네모난 대나무 함이 가득 놓여 있

보이차의 기준을 정하는 모차의 원료 등급에 대한 엄격한 분류 작업의 광경.

고, 그 안에는 서로 다른 산지, 마을, 또는 대수(大樹), 고수(古樹)의 모차 원료들이 담겨 있다. 바닥에는 산지와 채취 날짜, 차 농가의 이름이 적힌 모차 원료들이 한 포대씩 놓여 있는 경우가 대부분이다.

그런데 산지의 기후는 모차의 원료에 큰 영향을 주는 것으로 알려져 있다. 예를 들면 수년에 걸쳐 어느 해는 강우량이 적고, 어느 해는 습하기도 하는 등 해마다 기후가 다를 경우에 보이차의 품질에도 큰 영향을 주는 것이다. 이에 대하여 추소화 씨는 다음과 같이 설명한다.

"비가 제때 내려야 싹이 잘 자라는데, 가뭄이 오래되면 봄차의 발아가 늦어지고, 새싹이 나왔더라도 강우량이 적으면 찻잎의 품질도 나빠져요. 봄차는 싹이 나왔을 때 비가 충분히 내리면 찻잎이 크고 두툼하게 자라고, 채엽 전날에 비가 적게 내리면 품질이 더 좋아진답니다."

추병량 선생의 사위인 왕해강 씨는 '보이차창(普洱茶廠)'의 제다 과정, 작업 현장, 공장의 안전 등을 관리하면서 식품 안전의 인증 업무도 맡고 있다. 그는 가족 운영 단위의 공장을 민영 기업으로 성장시켰고, 특히 병배 기술은 추병량 선생으로부터 직접 사사하였다.

한편, 봄차를 채엽하는 시기가 되면 왕해강과 추소란 씨 부부는 구매자들과 지인들을 대동하고 고차산(古茶山)을 방문하기도 한다.

보이차의 작업 현장을 관리하는 일은 매우 중요하다 / 촬영 : 유건림(劉建林).

추병량 선생이 심사평가실에서 차를 품평하는 일상적인 모습.

맹해에서 해만까지, '소호대채(蘇湖大寨)'의 대서사시

1961년 국영맹해차창이 소호대채(蘇湖大寨)[23]에 세운 초제소(初製所)(찻잎을 현지에서 구입하여 원료인 모차를 만드는 공장)는 다원기지와 함께 해만차창이 인수 및 합병하였는데, 지금까지도 그 역사를 고스란히 보존하고 있다.

---

23) 소호(蘇湖)는 호수가 아닌 운남성 서쌍판납 맹해현에 위치한 차산이다. 소호대채는 그 지역의 소수민족이 거주하는 촌락이다.

국영맹해차창이 1961년부터 소호대채(蘇湖大寨)에 지은 옛 초제소의 모습. 1970년~1980년대 국영맹해차창에서 생산한 대부분의 보이차는 이곳의 원료를 사용하였다.

평소 외부와의 접촉이 적은 추병량 선생은 심사평가실에서 보이차를 품평하고 병배하는 일이 일상사였다. 또한 비교를 위해 상품차마다 5년 동안 견본을 보관하였다.

추병량 선생은 평소에 감정을 잘 드러내지 않는 사람이다. 한족이지만 그의 부인은 현지 애니족(僾尼族)[24] 제사장의 딸로서 맹해현 격랑하(格朗河) 합니족향(哈尼族鄕) 소호촌위회(蘇湖村委會) 아구노채(丫口老寨)에서 출생하였다.

1961년 국영맹해차창에 근무할 당시에 추병량 선생은 소호대채에 원료를 구입 및 가공하는 초제소를 설치하기 위하여 하얀 기와집 한 채를 세웠다. 파사노채에 갔다가 소호대채를 지나다 보면 예쁜 다원과 기와집을 볼 수 있다.

초제소의 관리자인 매이(梅二) 씨의 설명에 따르면, 추병량 선생

---

24) 중국 서남 소수민족인 합니족(哈尼族)의 한 지파로서 운남성 서쌍판납과 보이 등의 지역에 거주한다.

1950년대부터 있었던 소호대채의 노차원(老茶園).

은 해만차창을 설립한 뒤에 이 초제소와 차밭을 인수하였는데, 지금은 해만차창의 중요한 생산 기지가 되었다고 한다.

한편 관리자인 매이 씨는 애니족으로서 추소란의 사촌 오빠이기도 하다. 그에 따르면, 이곳의 원시 생태의 차밭은 일본 구매상들로부터 높이 인정을 받았고, 그 뒤 이곳의 원료로 생산한 상품차들은 10년 가까이 일본으로 수출되었다고 한다. 또한 이곳은 추병량 선생과 부인이 가족들과 함께 삶의 궤적을 고스란히 남긴 곳이기도 하다.

이 초제소는 국영맹해차창에서의 옛 추억을 고스란히 담고 있다. 국영맹해차창에서 흘린 추병량 선생의 땀과 눈물로 생태 환경이 뛰어난 다원이 만들어졌고, 많은 사람들의 이야기도 숨겨져 있다. 이 다원을 보면 국영맹해차창에 대한 추병량 선생의 각별한 애정을 느낄 수 있다.

1956년부터 1976년 사이에 국영맹해차창은 소호대채에서 대형 보이차의 생태차원(生態茶園)을 조성하였다. 이에 대하여 보이차 문화 연구가인 첨영패(詹英佩) 선생은 그의 저서 『보이차의 원산지 서쌍판납(普洱茶原産地西雙版納)』에서 다음과 같이 상술하고 있다.

"소호와 국영맹해차창은 오랜 친분이 있다. 1956년부터 국영맹해 차창은 소호에서 원료를 수급하였고, 1970년대 말에는 기계화 찻잎 가공 공장을 세워 생산량이 남나산(南糯山)과 비슷한 규모로 성장하였다. 여기서 가공된 찻잎은 모두 국영맹해차창으로 보내졌다. 오늘날 시장에서 엄청난 가격으로 팔리는 『중차패』, 『대익패』와 같은 노보이차 원료의 대부분은 이 소호에서 생산된 것이다."

국영맹해차창 초기의 보이차를 소장하고 있는 사람들은 그 보이차의 원료가 소호대채에서 생산되었다는 사실을 모르는 경우가 대부분이다. 『해만일호(海灣一號)』에 소호대채와 파사노채의 고수 차청을 사용한 것은 1970년대의 향과 맛을 되찾기 위한 것도 있지만, 보이차의 소중한 역사와 문화를 이어가는 뜻도 있다.

오래된 산채(山寨)와 차나무

소호대채에서 파사노채(帕砂老寨), 노반장촌(老班章村)으로 가는 길에서는 그곳에 거주하는 매이(梅二), 차이(次二) 씨를 비롯하여 추병량 선생의 가족들을 만날 수 있다. 추병량 선생 부인의 가족과 소수민족이 이곳으로 이주한 일은 보이차의 전승에 큰 발자취를 남겼고, 파사노채의 보이차수도 반장촌(班章村)에서 크게 번성할 수 있었다.

보이차는 지난 500년 동안 변화, 발전을 통하여 오늘날의 국영맹해차창에서 해만차창으로 이어지는 대서사시를 만들었다. 소호대채와 파사노채에는 추병량 선생 고유의 가족적이면서도 역사적인 감정이 잘 간직되어 있다. 사람들이 추병량 선생에게 어느 지역이 가장 좋은지 물으면 그는 주저하지 않고 '파사(帕砂)'라고 답한다.

추소란 씨에 따르면, 추병량 선생의 외가와 그 친척들이 파사중채(帕砂中寨)에 거주하는 이유는 해만차창의 초제소와 고수차원(古樹茶園)의 기지가 있기 때문이라고 한다.

파사노채는 차산이 위치한 오래된 산채, 즉 '차산고채(茶山古寨)'

이다. 맹해현에서 출발하여 1시간 정도 가면 파사노채에 도달할 수 있는데, 거기에는 차이 씨가 거주하고 있다. 이 맹해 초제소의 뒷산 정상으로 올라가면, 큰 차나무도 볼 수 있다.

차이 씨에 따르면, 이 차나무가 수령이 얼마나 오래되었는지는 알 수 없지만, 산채는 적어도 500년이나 되었다고 한다. 그리고 차나무의 형태와 꽃, 씨앗을 살펴본 결과, 그 차나무는 재배형 고목이었다. 따라서 이 차나무는 산채의 사람들이 오래전에 심은 것으로 볼 수 있다.

또한 한 그루의 고차수에서 해마다 채엽할 수 있는 봄차의 양은 10kg에 불과하고, 이로부터 약 2.5kg의 모차를 만들 수 있다고 한다. 이것이 바로 우리가 알고 있는 '단주(單株)'의 개념이다.

병배 전문가인 추병량 선생은 단주로는 품질의

소호대채의 고차원에서 초제소를 관리하는 매이(梅二) 씨가 노차수에 대하여 설명하는 모습.

파사노채의 고수차원에서 자라는 고차수의 모습. 고수차원은 추병량 선생이 과학적으로 관리하고 있는데, 생태를 유지하기 위하여 사진의 고차수로부터는 1년에 딱 1회만 찻잎을 따서 봄차를 만든다.

파사노채에 자리한 해만차창의 초제소 입구 모습.

파사노채에 있는 재배형 고차수의 모습. 2005년에서 2007년 사이에 보이차의 가격이 폭등하면서 고차수에서 찻잎이 과도하게 수확된 결과 자연환경이 심하게 파괴되었다.

지표를 정할 수 없고, 제다사 개개인의 제다 풍격도 다르기 때문에 소규모의 산지로는 풍미를 대규모로 확립할 수 없다는 사실을 잘 알고 있었다.

일반적으로 신선한 찻잎을 따거나 살청(殺靑) 작업에서 솥(팬)의 온도와 가열 시간, 그리고 모차가 될 때까지 쇄청(曬靑)하는 과정에서는 제다사마다 고유한 기준이 있는데, 이와 관련하여 추병량 선생은 다음과 같이 설명한다.

"묶음마다, 솥(팬)마다 요구 사항이 모두 다를 수 있어요. 채엽을 예로 들면, 고수(古樹)는 비교적 늦게 발아하지만, 대수(大樹)나 중수(中樹)는 상대적으로 빨리 발아해요. 대수와 중수에서 채엽이 끝나면 다음 차례가 고수인데, 물론 산지와 기후에 따라 다소 차이는 있어요. 그러나 일반적으로 좋은 고수차의 순수한 원료는 청명에서부터 4월 중순까지 채엽하는 경우가 가장 많답니다."

또한 살청할 때 찻잎의 연하고 굵은 정도에 따라 솥(팬)의 가열 온도와 살청 시간을 달리해야 하는데, 숙련된 경험을 통하여 강약을 조절해야 한다. 살청이 끝나고 찻잎을 비비고 휘마는 '유념(揉捻)' 작업과 햇볕에 말

수확된 찻잎의 모습. 차나무의 수령이 다른 경우에는 각기 찻잎을 따는 시간도 다르다 / 사진 제공 : 해만차창.

리는 '탄량(攤晾)'[25] 작업도 또한 중요하다. 왜냐하면 유념 작업을 충분히 거쳤는지에 따라서 발효에도 큰 영향을 주기 때문이다. 이렇게 유념 작업을 거친 찻잎은 길쭉하게 휘말린 형태인 '포조(抛條)'[26]를 갖춘다. 유념을 가볍게 하면 후기 숙성에서 풍부한 변화를 기대하기가 거의 어렵다.

찻잎의 살청(殺青) 과정. 팬(솥)의 가열 온도와 살청 시간은 모두 장인의 경험으로 조절된다 / 사진 제공 : 해만차창.

쇄청은 녹차의 '홍청(烘青)'과는 다른 방법이다. 불의 열기를 이용한 홍청으로

찻잎의 유념(揉捻) 과정. 살청 뒤의 유념 과정은 후발효에 큰 영향을 준다.

건조시킨 모차 원료로는 보이차를 만들 수 없다. 쇄청은 맑은 날에 강렬한 햇볕으로 말려야 하지만, 시간이 너무 길어지면 맛에 변화가 생긴다.

추병량 선생은 형태가 균일한 찻잎을 적당하게 유념해야만 품질을 높일 수 있다고 이야기한다. 세부적인 절차마다 완성도가 높아야만 좋은 보이차를 만들 수 있는데, 여기에는 모두 오랜 경험이 요구된다.

---

25) '탄청(攤青)'이라고도 한다. 신선한 찻잎을 대나무 채반이나 대나무 돗자리에 펼치고 햇볕에 말려 수분을 없애 함유 성분을 변화시키는 작업이다.

26) 보이차의 찻잎 모양을 말한다. 찻잎의 모양이 다르면 완제품의 탕색(찻빛)과 맛도 달라진다. 포조는 '찻잎을 부드럽게 한다(條索鬆抛)'는 뜻이다. 유념을 가볍게 하여 세포의 파괴가 적으면 탕색이 옅고 풀 냄새가 강하지만 외관은 이쁘다.

'상품차(商品茶)'의 정의

국영맹해차창은 보이차가 전통을 계승하여 발전하는 데 매우 중요한 역할을 한 공장이었다. 보이차의 트렌드를 선도한 사람 중 한 사람인 등시해 선생은 1970년대 추병량 선생이 개발한 『7542』, 『7532』, 『8582』 등 표준화 차병과 시장에서 유명한 『88청병(八八靑餠)』을 모두 상품차로 정의하였다.

상품차는 그 시대에 정통성을 갖추었지만, 모든 상품차가 곧바로 다 마실 수 있는 것은 아니며, 오직 후기 숙성(후발효)를 통해야 특별한 맛을 선보이는 것들도 많다.

이는 와인과 비슷하다. 특히 1982년 프랑스 5대 와인 양조장에서 생산된 와인을 예로 들 수 있다. 당시 각 양조장마다 10만 병 이상의 와인을 생산하였다. 세월의 숙성으로 풍미가 높아졌지만, 시간이 지날수록 물량도 줄어들면서 와인 수집가들로부터 큰 사랑을 받게 되었다. 과거의 상품차도 와인처럼 시간이 지나고 숙성이 될수록 소장 가치가 있는 상품으로 변모되고 있다.

일부 차 애호가들은 1990년대 말, 2000년대 초, 심지어 2010년에 생산된, 1980년대의 『8582』, 1970년대의 『7532』, 『7542』를 모조한 상품차를 갖고 있었다. 이러한 상품들은 후기 국영맹해차창의 정품이 아닌 외부의 작은 공장에서 모조한 보이차이다. 따라서 시중에는 이러한 모조품들이 대량으로 유통되고 있어 그 진위를 구별하기가 어려울 때가 많다. 이러한 상황에서 추병량 선생에게 정통성을 갖춘 좋은 보이차를 추천해 달라는 것은 사람들의 소원이었다.

『해만일호(海灣壹號)』를 개발할 때 추병량 선생은 사람들로부터 정품차의 제다 기술로 1970년대 상품차를 재현하는 대표작을 만들어 달라는 의뢰를 받았다. 이 보이차는 모두가 기대하는 보이차이면서 또 다른 의미에서는 시장을 정돈하여 현대적인 정품차의 제다 기술로 상품차 시대의 정통성을 되찾는 일이다.

『8582』, 『7542』와 『해만일호(海灣壹號)』의 관계

2011년 봄, 사람들이 추소란, 왕해강 씨의 부부와 함께 보이차인 『심산노수(深山老樹)』, 『9948』, 『7548』, 『9982』의 보이차를 시음한 적이 있는데, 모두 국영맹해차창의 제다 기술이 담긴 해만차창의 상품 차들이었다. 그 시음하는 자리에서는 1980년대의 『8582』와 1970년대의 『7542』를 원본으로 대표성을 지닌 정품차를 만드는 데 의견이 모였고, 그때 이름이 『해만일호(海灣壹號)』로 정해진 것이다.

왕해강 씨가 만든 네 가지의 다른 풍미와 특색을 지닌 견본 보이차는 대만에서 품평해 볼 기회가 있었다. 이를 맛보고 내린 결론은 『해만일호(海灣壹號)』는 맛이 강하지만 섬세함이 살아 있고, 구감(口感)은 부드러우면서 여운이 오래 감돌고, 차병은 『7542』와 비슷하고, 맛과 숙성력(발효도)은 『8582』와 동급의 제품이어야 한다는 것이었다. 왜냐하면 『8582』의 중후함과 『7542』의 섬세함은 국영맹해차창의 전통적인 맛이기 때문이다. 즉 『해만일호(海灣壹號)』는 그 맛을 이어가면서 오랜 숙성력도 동시에 갖추어야 한다는 결론이었다. 이와 관련하여 추소란 씨는 웃으면서 소감을 이야기하였다.

"1985년 아버지와 홍콩 남천공사의 주종 사장이 『8582』를 제작할 때의 모습을 보는 것 같았어요. 아버지는 좌우명이 모든 사람을 위해 차를 만드는 것이었는데, 특히 맞춤형 차는 고객이 원하는 맛을 내기 위해 노력하셨죠."

『8582』의 중후함과 『7542』의 섬세함을 갖춘 『해만일호(海灣壹號)』 / 촬영 : 왕림생(王林生).

그녀는 당시에 논의되었던 그러한 요청을 추병량 선생에게 전하고 4개월의 시음 과정을 거친 뒤 마침내 『해만일호(海灣壹號)』가 탄생한 것이다.

'다원증(茶園證)'과 '모바일 인식표'가 최초로 부착된 보이차!

『해만일호(海灣壹號)』의 제작은 추병량 선생의 전통 가공 기술이 담긴 정품차를 대표작으로 삼아 모조품이 범람하는 오늘날 보이차의 시장을 개선하여 현대 보이차의 새로운 시대를 열기 위한 노력이었다. 저렴하고 맛있으며, 장기 보관에도 적합한 현대 정품 보이차의 위상을 되찾아서 보이차의 발전을 위하여 올바른 방향을 제시한 것이다.

『해만일호(海灣壹號)』의 이름에는 여러 가지의 의미들이 내포되어 있다. 운남성 대만사무실의 장귀생 선생의 추천으로 사람들이 추병량 선생과 만나서 가짜 보이차가 시장을 교란하는 현상을 논의한 적이 있었다.

이 자리에서는 시장을 개선하기 위해서는 보이차에 '이력제 관리 시스템'을 구축하고, '이력 인증제'를 도입하는 일부터 시작해야 한다는 결론이 도출되었다. 이때 추병량 선생이 '모바일 인식표가 있는 보이차'의 개척자로 나선 것이다.

2011년에는 사람들이 『해만일호(海灣壹號)』의 브랜드명으로 추병량 선생의 가족 문화와 역사가 담긴 보이차를 주문하였다. 이때 추병량 선생은 수령이 300~500년 정도된 파사노채 고수차 원료

2011년 「해만일호(海灣壹號)」의 원료 선택에 대한 심사평가에 참석한 추병량 선생. 그 양옆에는 왕해강, 추소란 부부.

를 70%, 1956년에서 1976년 사이에 재배한 소호대채 차나무의 원료를 30%로 구성하여 병배하였다. 그리고 추병량 선생은 그의 심사평가

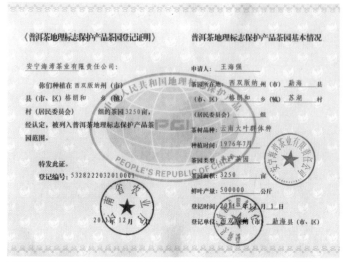

보이차 역사상 최초인 소호대채 다원증을 지닌 「해만일호(海灣壹號)」/사진 제공 : 해만차창.

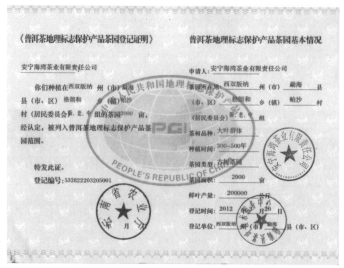

두 번째 다원증인 파사노채(帕砂老寨)/사진 제공 : 해만차창.

실에서 재료의 선택과 병배의 과정에 대하여 상세히 설명하였다.

　그런데 당시 사람들이 심사평가실로 가는 길에서 추병량 선생을 마주쳤는데, 그의 얼굴이 매우 창백한 상태였다. 그의 딸 추소란 씨에 따르면 마침 병원에 입원 중이었는데, 그날 심사평가에서 몸소 사람들에게 설명하기 위하여 병원에서 달려 나왔기 때문이라고 한다.

이 사실이 알려지자 운남성 차엽사무실 양선희(楊善禧) 주임은 마침 지연 중이었던 다원증의 발급을 속히 진행하라는 재촉을 받았다. 이렇게 하여 『해만일호(海灣壹號)』는 보이차의 역사상 최초로 소호대채 다원증과 파사노채 다원증을 가진 보이차가 되었다.

이 다원 인증제의 사업은 추병량 선생과 함께 광주국제차박람회에서 공동으로 발표되었다. 『해만일호(海灣壹號)』와 함께 그 뒤의 『예운대동(禮運大同)』에도 모두 '모바일 인식표'가 부착되면서 현대 보이차의 디지털 데이터베이스화에 길을 연 것이다.

'정품차(精品茶)'의 형태와 외관

추병량 선생의 견해에 따르면, 정품차의 형태는 '송긴(鬆緊)'(긴장도 또는 탄력성)이 적당하고, 찻잎의 모양이 뚜렷하며, 모양이 둥글고 볼륨이 있으며, 변두리가 떨어지지 않아야 한다고 한다.

그러나 말레이시아의 고객들은 긴압을 강하게 하여 보이차가 단단해야-'긴실(緊實)'이라고 한다-말레이시아에서는 오래 보관할 수 있다고 주장하였다. 말레이시아 자연창의 숙성이 뛰어나 다른 지역에 비할 바가 못 된다는 점을 강조한 것이다. 말레이시아 고객들의 주문을 받아 생산된 보이차는 추병량 선생의 전통 제다법과는 완전히 다르다.

대만의 고객들은 오히려 추병량 선생의 전통 기술을 인정하였다. 추병량 선생이 작업 현장에 사람들을 초대하여 생산 라인의 사람들과 의견을 나누게 한 적이 있다. 이때 그는 생산 라인을 세 팀으로 나누어 각 팀마다 차병을 여섯 개씩 만들어서 가지런히 놓게 하였다. 사람들은 과하게 눌린 차병을 보고 난 뒤에 추병량 선생의 기준에 따라 만들어야 한다는 사실을 깨달았다. 또한 사람들은 추병량 선생의 사위인 왕해강 씨에게 정품차를 만드는 팀도 구성해야 한다고 제안하였다.

등시해 선생이 말한 대로 '상품차'와 '정품차'는 형태와 외관에서 큰 차이가 있다. 1970년에서 1980년대 사이의 상품차는 긴압을 강하

호자급(號字級) 보이차를 모델로 하여 성형 틀인 석모(石磨)로 직접 손수 압제하여 만든 「이미춘고(俐侎春古)」. 표준 차병의 전형적인 모습이다. 사진은 2014년 임창(臨滄) 영덕현(永德縣)의 자옥차창(紫玉茶廠)에 전시된 것이다/장소 제공 : 신방춘차행(新芳春茶行)/촬영 : 왕림생(王林生).

게 한 것이 사실이지만, 오늘날의 정품차는 백년 호자급 골동보이차의 스타일을 취하기 때문에 과거의 둥글고 볼록한 감이 있고, 단단함이 적당하여 가장자리가 떨어지지 않는 형태를 유지한다. 추병량 선생과 노국령 선생은 모두 이런 스타일이야말로 정통 방식이라고 입을 모았다.

보이차협회 장동승(長董勝) 회장과 추소란 씨가 해만차엽박물관(海灣茶葉博物館)에서 해만차창의 역사가 담긴 사진과 대표 상품을 관람하는 모습.

아시아 시장을 개척하기 위한 해만차창의 도전

새로운 시장을 열기 위하여 추소란 씨는 광주에 안주하지 않고 서북, 동북, 북부의 새로운 지역 시장을 개척하였다. 시장의 확장과 더불어 추병량 선생의 보이차에 대한 가치 인식도 북쪽으로 전해졌다. 더 나아가 그녀는 홍콩, 대만, 말레이시아, 일본의 시장까지도 진출을 계획하고 있다.

2007년에는 보이차 관련 주식이 대폭락하면서 거래가 중단된 사건이 있었고, 같은 해에는 북경 인민대회당에서 추병량 선생이 '보이차 종신성취대사'의 칭호를 받았다.

추소란 씨는 그 당시 주식 폭락과 관련해서는 해만차창의 상품차는 오로지 음용을 위해서 만들었을 뿐이고, 또한 수많은 소비자도 해만차창이 투기 매매를 결코 한 적이 없다는 사실을 익히 알고 있다고 이야기한다.

한편 2007년 주식 대폭락 사태에도 불구하고 해만차창의 상품 가격은 하락하지 않았고, 기업도 빠른 속도로 성장하였다. 비록 창립된 지 20년밖에 되지 않았지만, 숙성을 위해 저장된 해만차창의 상품들은 모두 수집가들의 구입 대상이 될 것으로 보인다.

2010년 왕해강 씨는 해만차창의 매출이 약 2억 2000만 대만달러라고 밝힌 적이 있다. 2019년 11월 해만차창의 창립 20주년일 때, 추병량 선생이 발표한 영업 매출액은 이미 5억 7000만 대만달러였다. 추병량 선생과 노국령 선생 두 거장의 노력은 대중들에게 인정을 받아 지금은 '보이차의 전설'이 되었다.

운남성의 소수민족이 채엽하는 모습/사진 제공 : 해만차창.

제 5 장

호자급(號字級)
'상방(商幫)', 문화의 재건

추병량, 노국령 두 선생이 창립한 해만차창은 국영맹해차창의 상품 표준화 전통을 계승하고, 또 한편으로는 상방(商幇) 문화를 계승하는 사명을 띠고 시대에 맞게 호자급 정품차들을 출시하였다.

'마방(馬幇)'과 '상방(商幇)'

곤명(昆明)에서 보이차의 문화와 역사를 연구하는 저명 학자인 양개(楊凱) 선생에 따르면, 차마고도(茶馬古道)와 마방(馬幇) 문화는 큰 관련이 없다고 한다. 마방은 오늘날의 택배사와 같이 한 지역에서 다른 지역으로 배송만 담당하였기 때문이다. 오랫동안 택배사와 같은 마방 문화를 마치 보이차 문화의 주류로 간주해 온 것에 대해서는 앞으로도 많은 재논의가 이루어져야 할 것으로 보인다.

양개 선생은 운남 보이차에 관하여 책임 편집한 저술에서 "상방(商幇)(혈연과 지연에 기반하여 같은 지역에 뿌리를 둔 상인들의 조합) 문화와 마방 문화를 보이차의 발전사에서 새롭게 검토해야 한다"고 강조하였다.

호자급 보이차의 시대에 상방 문화와 보이차의 연관성을 찾으려면 청나라 시대로까지 거슬러 올라가야 한다. 청나라 옹정연간(1723~1735)에 보이차는 황제에게 진상하는 공차였다. 오늘날 홍하주(紅河州) 지역에서 운영되었던 석병(石屏)[27] 상방(商幇)은 공차를 북경으로 운송하는 주요 세력

보이차 상방 문화의 역사적인 흔적들이 남아 있는 곤명시의 석병회관(石屏會館).

----

27) 석병현(石屏縣)으로 운남 홍하합니족이족자치주 서북쪽 이남에 위치한 현급 도시. 오랜 역사를 자랑하며 오늘날에는 다양한 문화유산이 보존되어 있다.

이었다. 따라서 곤명의 석병회관(石屛會館)에는 보이차의 역사에 관한 많은 기록이 남아 있다.

이 상방이야말로 바로 보이차 문화유산의 핵심이었으며, 상방 문화의 형성은 넓은 의미에서 '가족'과도 불가분의 연관성이 있다. 따라서 보이차의 '가족 문화'를 논의하려면 먼저 상방 문화를 알아야 한다.

호자급 보이차를 창립한 '석병상방(石屛商幇)'

명나라 말기 석병인들과 마방은 차 산지로 유명한 이무(易武) 지역으로 대거 이주하였다. 이때의 석병인들은 이무 지역에 정착한 최초의 한족이었다.

동경호(同慶號)의 창시자 류한성(劉漢成), 차순호(車順號)의 창시자 차순래(車順來), 운남에서 유명한 원가곡(袁嘉谷) 일가 등은 산에서 차나무를 재배하여 차를 만들어 판매하기 시작하였다.

또한 100년 뒤인 청나라 시대에도 석병인들은 끊임없이 이무 지역으로 이주하여 현지의 태족(傣族), 합니족(哈尼族), 요족(瑤族) 등과 함께 보이차를 기반으로 '차업(茶業)'을 운영하였다.

그 당시 이 지역은 도적이 많아 지역 사회가 불안정하였고, 또 자연재해도 많아서 피해도 빈번하였다. 이러한 사회적인 문제를 해결하기 위해 사람들은 '방(幇)'을 결성하였고, 그것이 규모가 커지면서 마침내 '석병상방(石屛商幇)'을 형성한 것이다.

청나라 옹정연간에 석병인들은 이무산(易武山)에서 다원을 개간하고 도매업체인 차장(茶莊)을 설립하여 '상호(商號)'를 세웠다. 이러한 배경으로 중화민국 시대까지 개인이 공장을 운영하여 생산한 보이차의 명칭 뒤에는 모두 '호(號)'가 붙었다.

그런데 당시는 종이로 개별 포장을 하지 않았고, 내표(內票)[28]도

---

28) 내표(內票)는 보이차병의 겉면에 놓는 종이이다. 상품에 대한 소개와 생산자, 우리는 방법, 주의 사항들이 적혀 있다.

없었지만, 내비(內飛)[29]는 있었다. 이 내비에는 홍보 문구와 상호(商號) 책임자의 이름이 기재되었다. 『송빙호(宋聘號)』, 『복원창호(福元昌號)』, 『동경호(同慶號)』, 『진운호(陳雲號)』와 같은 '호자급' 골동보이차들은 '보이노차(普洱老茶)'의 역사적인 위상을 확립한 것들이다.

지난 500년 동안 석병상방에서 생산한 보이차 상품들은 '관마대도(官馬大道)'를 따라 북경으로 운송되거나 청장고원(靑藏高原)을 넘어 티베트로 전해져 민간에 공급되었다. 그리고 청나라가 이무 지역에 설립한 해관(海關)(외국과의 무역을 위해 항구에 설립한 세관)을 통해서는 동남아시아로 연결되었다. 석병상방의 호자급 보이차는 그러한 이무 지역에 번영을 가져다주었고, 차 문화에서도 큰 발자취를 남겼다.

석병상방은 운남 지역의 특성과 '유상(儒商)'(학식이 있는 엘리트 상인)의 특징을 겸비한 한족의 상방이다. 명나라 말기에서 청나라 초기 사이에 형성된 뒤 흥성하다가 중화민국 40년 전후에 전쟁이 발발하면서 사라졌다. 더욱이 석병현의 한인들은 이무 지역에서 '육대차산(六大茶山)'을 개간하여 공차의 가공도 연구하였다.

청나라의 역사가 단췌(檀萃, 1725~1801)가 저술한 『전해우횡지(滇海虞衡志)』에는 "800리 둘레에 걸친 산에서 차를 만드는 사람이 10만에 이른다(周八百里 , 入山做茶者十萬人)"는 기록이 있다. 그만큼 대성황을 이루었다는 것이다. 『동흥호(同興號)』, 『동경호(同慶號)』, 『송빙호(宋聘號)』, 『차순호(車順號)』는 당시 호자급 보이차를 운영하는 기준이었을 뿐 아니라, 호자급 보이차의 흥망성쇠를 기록한 증거이기도 하다.

---

29) 내비(內飛)는 보이차병에 압제하거나 끼워 넣는 종이 인식표. 차장 또는 주문 제작자가 표기되었다.

왼쪽은 내비(內飛), 오른쪽은 녹표(綠標) 「복원창호(福元昌號)」/장소, 차병 제공 : 엄장(釅藏) /
촬영 : 왕림생(王林生).

왼쪽은 내비(內飛), 오른쪽은 홍표(紅標) 「송빙호(宋聘號)」/장소, 차병 제공 : 엄장(釅藏) /
촬영 : 왕림생(王林生).

석병상방의 이무 지역 상호들은 모두 1940년대에 사라졌고, 지금은 마을만 남아 있다.

이무 지역에 있는 '복원창호'의 옛 집터/사진 제공 : 유이덕(柳履德).

이무 지역의 '차순호(車順號)' 옛 집터/사진 제공 : 유이덕(柳履德).

현대 상방의 시초, '안녕상방(安寧商幫)'

1950년대에 중차공사가 설립되면서 개인 상호로 운영되었던 모든 상방 문화는 국영으로 전환되면서 국영맹해차창의 시대가 시작되었다.

석병상방이 사라진 뒤 국영맹해차창은 보이차의 가장 중요한 전통 계승의 공장이었다. 1950년대 인자급(印字級) 시대에서 『8582』, 『7542』의 칠자병차 상품차 시대로 이어졌고, 그 시대의 중심에는 언제나 추병량 선생이 있었다.

1994년 이후, 이무산 호자급 정품차가 다시 사람들의 주목을 받기 시작하였다. 무형문화유산의 홍보에 힘입어 추병량 선생은 상방 정품 호자급의 보이차와 공차 문화를 계승하려고 노력하였다.

추병량 선생은 공장장으로 재직할 당시에 직원들과 함께 파달산(巴達山), 포랑산(布朗山)에 다원을 개간하였다. 마치 석병상방이 이무산에 수많은 차나무를 심은 것과 마찬가지였다. 그 결과 국영맹해차창의 규모도 매우 커졌다.

추병량 선생은 '보이차의 생명'을 잇는 전통적인 제다 기술을 고집하면서 전 세계에 보이차를 판매하고 있다. 안녕시(安寧市)의 해만차창이 현대 보이차의 시발점이라면, 추병량 선생은 '석병상방'에 이어 '안녕상방'을 현대 보이차의 새로운 상방 문화로 개척하였다고 볼 수 있다.

가족 운영 단위의 '차창'과 '와인 양조장'

보이차를 가족 운영 단위로 생산하는 개인 차창(茶廠)은 프랑스 보르도(bordeaux)의 '무통 로칠드(Mouton Rothschild)'나 부르고뉴의 '르로이(Leroy)' 일가의 와이너리(Winery)(와인 양조장)와 비교하면 이해하기 쉽다.

보르도의 5대 와인 양조장과 부르고뉴의 10대 와인 브랜드는 거의 가족 단위로 운영된다. 중화보이차교류협회(中華普洱茶交流協會) 명예회장인 양자강(楊子江) 씨 부부는 2015년 프랑스 부르고뉴 지역을 여행하던 중에 도멘 르로이(Domaine Leroy)의 주인장인 랄루 비제 르로이(Lalou Bize-

부르고뉴 와인의 전문 산지인 '도멘 르로이'를 방문한 양자강(楊子江) 명예회장의 부부와 '부르고뉴 와인'의 선구자 르로이(Leroy) 여사.

Leroy) 여사의 환대를 받았다. 운남 지역에서도 추병량 선생이 해만차창에 방문한 그들을 직접 맞이하였다.

르로이 여사는 원래 로마네 콩티(DRC, Domaine de la Romanee-Conti)의 공동 경영자였다. 와인 양조에 대한 사랑과 끈기로 자기 소유의 도멘 르로이를 설립하였다.

DRC의 와인이 1만 달러에 판매될 때, 르로이의 와인은 2000~3000달러에 불과하였다. 그러나 오늘날 특급 포도밭에서 생산한 와인인 『뮈지니(Musigny)』는 가격이 3만~5만 달러에 이른다.

세계 와인 업계에서 가장 영향력이 있는 여성으로서 그녀의 독자적인 행보는 1988년부터 많은 논쟁을 불러일으켰다. 그녀의 포도밭은 어떠한 화학 비료도 사용하지 않았고, 자연의 생태학적인 리듬에 따라 성장하도록 내버려 두었으며, 더욱이 포도나무에 음악도 들려주었다.

포도밭에서 산출량이 적었고, 포도알도 작게 열리며, 잎이 누렇게 말라비틀어졌다고 사람들이 비웃을 때도 그녀는 절대로 포기하지 않았다. 이같이 그녀가 최초로 부르고뉴 지역에 도입한 '바이오다이내믹 농법(Biodynamic Viticulture)'은 약 20년이 지난 뒤부터는 오늘날에 세계 와인 생산의 트렌드로 급부상하였다.

르로이 여사의 와인 양조 철학은 독일의 사상가인 루돌프 슈타이너(Rudolf Steiner, 1861~1925)의 이론에 바탕을 두고 있다. 포도밭의 관리에서부터 최고급 와인의 양조 과정은 모두 하늘과 땅, 그리고 사람

의 자연적인 질서에 따라 친
환경적으로 이루어지고, 인위
적인 요소들은 일절 배제하는
농법이다. 그녀의 이러한 시
도는 프랑스 와인 양조장에
훌륭한 선례로 남았다.

랄루 비제 르로이(Lalou Bize-Leroy, 1932~) /
사진 제공 : 가양공사(佳釀公司).

1988년부터 본인 소유의
포도밭에서 재배된 포도만으
로 와인 양조의 새로운 길을 개척한 뒤로 지속적인 노력을 통하여 와인
업계의 거장이 되었고, '도멘 르로이'의 눈부신 신화를 창조하였다.

추병량 선생도 1997년 1월에 국영맹해차창을 떠나 1999년 해만
차창을 창립하였다. 약 20년간의 노력을 통하여 해만차창을 보이차 업
계의 10대 기업으로 성장시켰고, 2007년도에는 '보이차종신성취대사'
의 칭호를 정부로부터 받았다.

한편 르로이 여사가 1993년 바이오다이내믹 농법으로 양조한 와
인은 그 당시에 큰 논란을 불러일으켰다. 색상이 진하고, 맛은 강하며,
포도밭의 흙내가 물씬 풍기는 이 와인은 오늘날에는 '와인계의 전설'이
되었다.

이와 비슷하게
국영맹해차창 시절에
추병량 선생이 개발
한 『7542』, 『7532』,
『8582』도 비록 상품
차였지만, 약 30년이
지난 오늘날에는 보이
차의 대표작으로 자리
를 잡았다.

부르고뉴 와인의 최고봉 '도멘 르로이'의 신화를 세운 르로이 여사의 작업 모습
/ 사진 제공 : 가양공사(佳釀公司).

보이차 산업계의 '르로이' 여사 – 추소란(鄒小蘭)

'르로이 여사'와 그녀의 아버지 '헨리 르로이(Henry Leroy)'의 업적을 '추병량 선생'과 그의 딸 '추소란'에 대입시킨다면, 해만차창 정품차의 전망은 더욱더 기대된다.

추소란 씨가 아버지인 추병량 선생의 사인이 담긴 해만차창의 용단봉병을 보여 주는 모습.

해만차창의 초창기에는 중차공사의 주문자 상표 생산 방식(OEM)으로 운영할 수밖에 없었다. 추병량 선생은 국영맹해차창과 사업에서 경쟁하기 위하여 해만차창을 창립한 것이 아니었기 때문이다. 오히려 국영맹해차창의 이익에 손해를 끼치지 않는 범위에서 늘 낮은 자세로 새로운 고객들을 확보하였다. 당장은 힘들어도 정부 관료들에게 청탁을 한 번도 하지 않고 그 어려움을 묵묵히 헤쳐나갔다.

추병량 선생의 개척 정신을 물려받은 추소란 씨는 짧은 10여 년 동안 서쌍판납 맹해현, 맹랍현(勐臘縣)의 유명한 산채와 임창(臨滄) 지역의 쌍강현(雙江縣) 맹고진(勐庫鎭) 대설산(大雪山) 부근의 산채에 다원 기지를 설립하여 모차 원료의 공급량을 확보하고 품질을 안정시켜 해만차창의 성장에 확고한 기반을 다졌다.

그녀의 이러한 용감한 혁신이 있었기에 오늘날의 해만차창을 민영화된 맹해차창과 동등한 위치에 올려놓았고, 20세기 국영맹해차창의 명예와 지위를 계승하는 데에도 성공한 것이다.

해만차창에서는 모든 사람이 부담 없이 마실 수 있는 좋은 보이차들을 생산하고 있을 뿐만 아니라, 정품차 시리즈도 출시하여 브랜드의 가치를 드높이고 있다.

2012년 광주국제차박람회에서 출시되어 2014년에 상표를 등록한 『양품(良品)』 브랜드는 보이차 애호가와 수집가들을 대상으로 생산한 고급형 보이차이다. 이는 마치 자체 포도밭에서 산출한 포도로 양조하는 '도멘 르로이(Domaine Leroy)'는 '고급형 와인'으로, 외지에서 구입한 포도로 양조하는 '메종 르로이(Maison Leroy)'는 가성비가 좋은 '보급형 와인'으로 구별하는 것과 비슷하다.

과소평가되지 않는 뛰어난 실력!

해만차업박물관(海灣茶業博物館)은 정식으로 개관한 뒤 그동안의 차업 역사를 재조명하면서 가장 상징적인 상품으로서 '반장사걸(班章四傑)'을 전시하였다.

2020년에 설립된 해만차업박물관(海灣茶業博物館)에 전시된 추병량 선생의 「반장(班章)」 대표작들. 왼쪽부터 「100% 고수순료(古樹純料)」, 「반장소병(班章小餠)」(2005년산), 「예운대동(禮運大同)」, 「반장대병(班章大餠)」(2004년).

해만차창 창립 20주년 기념식에서 추병량 선생이 모두 연설하는 모습/사진 제공 : 해만차창.

　　해만차창의 창립 20주년을 맞아 공왕부박물관과 해만차창은 공동으로 무형문화재의 전통 계승을 위하여 장인 문화를 주제로 '보이차 숙차 가공 과정'에 대한 학술 포럼을 개최하였다. 차업계와 학계 대표들이 함께 참석한 가운데, 추병량 선생은 무형문화재의 전통 계승이라는 사명을 떠안았다.

　　2012년의 『양품(良品)』은 해만차창에서 공식적으로 정품차를 장기적으로 생산하는 첫 신호탄이었다. 추소란 씨는 『양품(良品)』이라는 이름의 의미에 대해 다음과 같이 설명한다.

　　"해만차창에서 생산되는 차는 반드시 좋은 품질을 갖추어야 해요. 또 한편으로는 아버지의 성함에 '양(良)'자가 있듯이 엄격함과 책임감이 있고 빈틈도 없어야 해요."

　　국영맹해차창의 전통을 계승한 제다 기술과 '해만 가족'들의 도전 정신에 힘입어 추병량 선생의 뛰어난 기술력이 세상에 널리 알려지면서 오늘날 호자급 정품차의 가치가 높이 인정을 받고 있다.

제6장

'반장(班章)'의 열풍 속에서

『반장(班章)』은 보이차 업계에서도 품질이 훌륭하기로 손꼽히는 상품이다. 맛이 좋고, 풍미도 독특하여 시장에서 높은 가격을 유지하고 있다. 보이차를 마셔 본 적이 없는 사람이라도 『반장보이차(班章普洱茶)』 또는 『노반장보이차(老班章普洱茶)』를 들어 보았을 것이다.

'보르도'는 와인, '경덕진(景德鎭)'은 도자기의 유명 산지인 것과 마찬가지로 운남성 맹해현 포랑산향(布朗山鄕)의 반장(班章)은 보이차의 유명 산지이다. 이 반장은 '노반장(老班章)', '신반장(新班章)', '노만아(老曼娥)' 등 다섯 마을을 관할하고 있다. 이 다섯 마을에서 생산되는 보이차는 맛도 저마다 다르지만, 그 각각은 모두 오늘날 보이차 애호가들에게 큰 사랑을 받고 있다.

운남성 서쌍판납 고차산 분포도

130

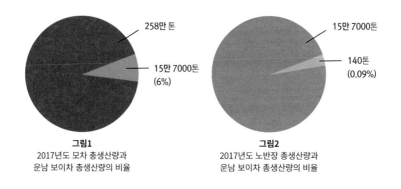

그림1
2017년도 모차 총생산량과
운남 보이차 총생산량의 비율

그림2
2017년도 노반장 총생산량과
운남 보이차 총생산량의 비율

희소성으로 주목을 받은 『반장(班章)』

현대 보이차의 열풍을 이끈 것이 반장 지역에서 생산된 차인가? 이와 관련하여 추병량 선생은 "『반장(班章)』 보이차는 맛이 너무 진하고 강하여 차의 맛을 돋우는 데 사용했기에 당시 7, 8급의 낮은 등급으로 평가를 받았다"고 설명한다.

사실 소위 '반장 붐'이 일어난 것은 2003년 광동성의 차인들이 앞장서서 '반장 생태차'를 만들기 시작하면서부터였다. 추병량 선생이 2004년에 그러한 시장의 요구에 부응하여 『반장칠자병차(班章七子餅茶)』를 제다하였고, 이것이 반장 보이차를 '조연'에서 '주연'으로 격상시켜 오늘날 '반장 열풍'의 선두 주자가 된 것이다.

중국 정부의 공식 집계 자료에 따르면, 2017년도 육대차산의 모차 총생산량은 총 258만 톤인데, 운남성의 보이차 총생산량은 15만 7000톤으로 전체 모차 총생산량의 약 6%에 불과하였다.

그러나 '중국 농산품 지역 공용 브랜드'에서 정의한 '산지'와 '상품 평가'의 체계에서 보이차는 해마다 3위 안에 들 정도로 각광을 받았다.

운남 보이차의 연간 총생산량에서 노반장 마을의 연간 총생산량은 140톤으로, 이는 운남 보이차 총생산량의 0.09%에 불과하다. 반장 보이차가 얼마나 희소한지 단적으로 잘 보여 준다.

2018년 가을, 홍콩 사굉(仕宏) 5주년 기념으로 열린 보이차 특별 경매에서 경매 번호 '001'인『금대익(金大益)』(2004년산)이 첫 낙찰을 받고 골동보이차와 함께 무대에 올려지면서 현대 보이차가 재테크의 수단이 되었다.

또한 노반장차인『진승호(陣升號)』[30](2008년산)가 출현하면서 수많은 차 애호가들이 반장에 더욱더 깊은 관심을 가지게 되었다. 시장에서의 인기는 "보이차의 황제는 '반장'이고, 황후는 '이무'이다(班章爲王, 易武爲后)"[31]라는 이야기가 나도는 것처럼 반장차의 확고한 지위를 확립하였다. 특히 반장 유기차인『육성공작(六星孔雀)』[32](2003년산)이 2018년에 1800만 대만달러의 거래 기록을 남기면서 바야흐로 반장차가 현대 보이차의 왕좌에 오른 것이다.

거리마다 가짜 『반장(班章)』

반장 산지에서 모차의 가격이 지속적으로 상승하면서 시장에는 각양각색의 '반장차'가 나타나기 시작하였다. 예를 들면, 2018년 11월 곤명의 한 호텔 로비 코너에 자리를 잡은 찻집에서는 세 종류의 반장차가 진열되어 있었는데, 그 가격이 100위안밖에 되지 않았다. 반장 모차의 가격이 치솟고 있는 상황에 그와 같이 저렴한 반장차는 결코 만들어질 수 없는 것이었다. 2019년 1월 그 호텔에서는 전년까지만 해도 있던 그 찻집과 매장이 아예 사라진 상황이었다.

---

30)『진승호(陣升號)』는 운남성 맹해진승차업유한공사에서 2009년 10월에 상표를 등록한 상품이다. 이 공사는 포랑산의 노반장, 고진이무(古鎭易武), 맹송산(勐宋山)의 나카(那卡), 남나산(南糯山)의 반파노채(半坡老寨) 등 보이차의 4대 원료 기지를 보유하고 있다.

31) 보이차는 예전에 이무 지역을 중심으로 생산되었는데, 당시에는 보이차의 크고 작은 제다 공장들이 많았다.

32) 광동하씨가족복금차창(廣東何氏家族福金茶廠)이 반장 지역의 원료로 주문 제작한 보이생차로서 2003년 국영맹해차창에서 생산하였다. 이 보이차는 4성급과 6성급으로 나눠 생산되었는데, 최상품은 6성급으로 포장지의 공작 도안 위에 '6성(星)'의 직인이 찍혀 있다.

연도/모차 가격	고수(古樹) 봄차 모차 가격 (화폐 단위 : 위안)
2000년	8위안/kg
2001년	11~12위안/kg
2002년	80~120위안/kg
2003년~2004년	국영맹해차창은 일부만 사들였다.
2005년	120~180위안/kg
2006년	180~400위안/kg
2007년	800~1,500위안/kg
2009년	400~600위안/kg
2010년	1,200위안/kg
2012년	2,000~3,000위안/kg
2013년	3,500위안/kg
2014년	8,000위안/kg
2015년	5,000~10,000위안/kg
2016년	6,000~8,000위안/kg
2017년	4,000~8,000위안/kg
2018년	8,000~15,000위안/kg
2019년	8,000~15,000위안/kg
2020년	8,000~15,000위안/kg

* 연도별 반장 봄차 모차 원료의 구매 가격표. 지난 20년 사이에 1000배가량 올랐다.

　　알고 보니, 2018년 12월경에 운남성 시장감독관리국(市場監督管理局)에서 원료 산지 증명서, 생산 이력서도 없이 판매되던 「노반장」 4662.5kg을 검수하여 가짜 보이차는 압수하고, 판매 매장들은 영업을 정지시켰던 것이다. 이 사건을 계기로 운남성 정부는 가짜 보이차 상품의 단속을 한층 더 강화하였다.

정덕국제예술박매고분유한공사(正德國際藝術拍賣股份有限公司) 경매소의 2019년 추계 경매 카탈로그의 표지. 표지에서 사진의 오른쪽부터 추병량 선생의 「반장칠자병차(班章七子餅茶)」, 칠채운남경풍상(七彩雲南慶灃祥)의 「작품일호(作品壹號)」, 국영맹해차창의 「육성공작(六星孔雀)」, 추병량 선생의 「예운대동(禮運大同)」, 정첨복(鄭添福) 선생의 「노길자(老吉子)」/사진 제공 : 정덕박매소(正德拍賣所).

상위 '0.3%'에 드는 최고급 보이차의 수집 비결!

지난 10년 사이에 『진승호(陣升號)』가 출시되고, 『육성공작(六星孔雀)』이 큰 인기를 끌면서 노반장 브랜드가 시장에 알려졌고, 이를 계기로 보이차 수집가들은 양질의 보이차를 선택하고 수집할 수 있는 비결을 찾아 나섰다.

패왕(霸王) 산지의 『반장(班章)』, 10대 유명 제다소의 정품차 또는 주문 제작차, 제다의 명인이 만든 차, 문화적인 특징을 지닌 차 등 조건에 부합되어야 한다.

다음의 다섯 가지 요건에 기초하여 보이차를 수집하고 투자를 고려하면, 상위 0.3%(그림 3)에 해당하는 최고급 보이차의 수집 비결을 알 수 있다.

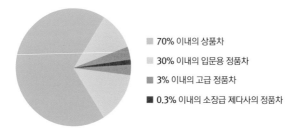

그림 3 수집가들은 상위 0.3% 이내의 정상급 제다인이 만든 정품차를 수집해야 한다.

1. 산지 : 시장에서 평가한 '품질이 훌륭한 산지'

- A급 : '반장(班章)', '이무(易武)', '나카(那卡)', '빙도(冰島)', '소호채(小戶寨)', '파사(帕沙)', '봉경(鳳慶)', '괄풍채(颳風寨)', '만궁(彎弓)', '석귀(昔歸)', '마흑(麻黑)', '곤록산(困鹿山)', '만송(曼松)', '노만아(老曼娥)'가 산지인 것.
- B급 : 그 밖의 산지의 것.
- C급 : 따로 분류되지 않은 것.

2. 제다사 : 높은 제다 기술을 갖춘 제다인

- A급 : 국가급 또는 성(省)급 무형문화유산으로서 제다 전승자가 만든 차병의 포장지에 제다사 자신이 직접 사인한 것.
- B급 : 작은 공방을 운영하며 정교한 차를 만드는 제다사의 작품.
- C급 : 따로 분류되지 않은 것.

3. 기업 : 시장에서 평가한 10대 업체의 상품차

- A급 : '대익(大益)', '하관(下關)', '해만(海灣)', '칠채운남(七彩雲南)', '용윤(龍潤)', '중차(中茶)', '전홍(滇紅)', '여명(黎明)', '용생(龍生)', '맹고융씨(勐庫戎氏)' 업체의 상품차.
- B급 : 이외의 업체에서 생산된 것.
- C급 : 따로 분류되지 않은 것.

4. 원료(모차) : 보이차의 원료인 차청 모차의 품질 등급
- A급 : 2008년 지역 표준 등급 분류 체계에 따라 원료인 차청 모차의 등급이 1~4등급인 것으로 생산된 것.
- B급 : 차청 모차의 등급이 5~10등급인 것으로 생산된 것.
- C급 : 따로 분류되지 않은 것.

5. 저장 : 보관 환경과 저장 조건의 방식
- A급 : 자연창(自然倉)인 것.
- B급 : 인공창(人工倉)인 것.

추병량 선생과 해만차창의 사람들은 시대의 흐름과 시장의 수요에 따라 '병배'에서 '순수 재료'로, '상품차'에서 '정품차'로, '다원차(茶園茶)'에서 '고수차(古樹茶)'로 제다 방식을 전환하고 있다. 사실 2004년 추병량 선생은 병배 기술로 반장 정품차를 제작하기 시작하여 보이차 시장을 선도하였다.

1999년 당시 추병량 선생은 국영맹해차창과의 이해 관계에서 충돌을 피하려고 서쌍판납의 찻잎 원료 대신에 임창(臨滄) 지역의 찻잎을 원료로 선택하였다. 국영맹해차창이 2004년에 국영에서 민영으로 전환된 뒤에야 추병량 선생은 서쌍판납의 찻잎을 원료로 사용하기 시작하였다. 이때 최우선으로 선택한 찻잎의 산지가 바로 '반장'이었다.

'2008년' 이후에 등장한 『노반장(老班章)』

2004년에 생산된 『반장칠자병차(班章七子餅茶)』는 추병량 선생의 첫 정품차이다. 당시 차병 1편(片)당 400g의 무게로 총 8400편이 생산되었다. 포장지 뒷면에는 "원료, 부재료 : 서쌍판납 맹해현 반장 차청"이라는 제원이 기재되어 있다. 물론 제조 일자인 "2004년 4월 28일"도 표시되어 있다.

그런데 당시 반장차는 『노반장(老班章)』이라는 상품명을 사용하

추병량 선생의 사인본 『반장칠자병차(班章七子餅茶)』. 2004년 반장 산지의 모차로 처음 출시된 상품이다.
촬영 : 왕림생(王林生).

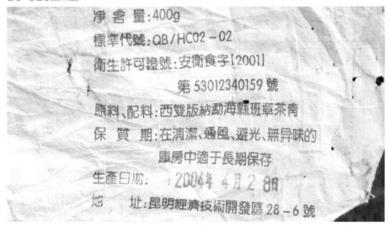

2004년산 『반장칠자병차(班章七子餅茶)』 포장지 뒷면 모습. 원료의 산지가 '서쌍판납맹해현반장차청(西雙版納勐海縣班章茶靑)'으로 기재되어 있다.

지 않았다. 이와 관련된 일화를 잠시 소개한다. 어느 사적인 다과회에서 한 사람이 포장지에 '노반장(老班章)'의 세 글자가 인쇄된 '타차(沱茶)'를 가지고 와서 지인에게 진위를 물은 적이 있다. 그 지인이 마침 다과회에 참석하였던 중화보이차교류협회 양자강 명예회장에게 보여주자, 그는 서슴없이 '가짜'라고 판정한 적이 있다. 그 이유는 포장지에 기재된 제조 일자가 '2005년'이었기 때문이다.

양자강 명예회장은 그 자리에 있던 차인들에게 '노반장(老班章)'

이라는 세 글자는 2008년 이후부터 포장지에 기재되었고, 2005년이면 '반장(班章)'이라는 두 글자만 포장지에 표시되어 있어야 한다고 설명해 주었다.

고수차의 순수 원료에 대한 특별한 집착이 없던 시절이었기 때문에 추병량 선생은 단지 "서쌍판납 맹해현 '반장' 차청"으로만 표기한 것이다. 이 또한 양자강 명예회장의 판단에 역사적인 근거를 제시하는 것이다.

2004년에는 『반장칠자병차(班章七子餠茶)』가 1편당 400g 무게로 하여 총 8400편이 생산되었고, 그 총무게가 약 3300톤이나 되었지만, 이는 그해 차창의 총생산량에서 0.3%에 불과한 것이었다.

차의 맛을 돋우기 위해 사용된 초기의 반장(班章) 모차

추병량 선생은 반장 지역의 원료 찻잎에 대해서 "가지가 굵고 찻잎이 큰 탓에 7~8등급으로 책정되어 당시에는 가장 값싼 원료였다"고 설명한 적이 있다.

반장 지역에서 생산되는 찻잎은 기후와 풍토의 영향으로 그 맛이 진하고 강하다. 따라서 반장 모차는 과거에 병배 작업에서 차의 맛을 돋우기 위하여 마치 '조미료'와도 같이 사용하였다고 한다.

또한 그에 따르면, '반장의 차를 마시는 사람들이야말로 보이차의 진정한 고수'라고 한다. 2003년 광동 지역의 사람들이 국영맹해차창에 의뢰하여 『육성공작(六星孔雀)』을 주문 제작하였는데, 이것이 반장 지역의 찻잎으로 보이차를 생산한 최초의 사례였다.

우연하게도 대만의 제다사인 정첨복(鄭添福) 선생이 2004년도에 대만의 차인들과 함께 반장에 모차 원료를 구하기 위하여 처음으로 방문하였다. 그들은 당시 현지의 지인들로부터 도움을 받아

반장차의 모차 원료는 조색(條索)을 볼 때 찻잎이 굵고 크며, 가격도 비싸다.

노반장 마을의 차왕수(茶王樹)에서 모차 원료를 몇백 킬로그램 정도 겨우 구한 뒤 200g의 '소병(小餠)'을 만들었다고 한다.

대만에서 반장차의 수집가로 유명하여 '반장왕(班章王)'이라는 별명을 지닌 왕걸(王傑) 선생은 "광동성 사람들과 운남의 추병량 선생, 그리고 대만의 정첨복 선생이 마치 약속이나 한 듯 모두 반장 지역의 모차 원료로 보이차를 만들었다는 사실을 볼 때, 반장차는 반드시 다른 차에서는 엿볼 수 없는 매우 독특한 매력이 있을 것"이라고 설명하였다.

품질의 고하는 '오래된 마을'이 아닌, '풍토'가 결정

반장(班章) 지역에는 '신반장(新班章)'과 '노반장(老班章)'의 촌락이 있다. 신반장의 이영근(李永勤) 촌장의 설명에 따르면, '노반장'이라고 해서 더 오래되고, '신반장'이라고 해서 더 새로운 것은 없다고 한다. 두 마을의 조상이 모두 같은 시기에 파사노채로부터 이곳으로 이주해 왔고, 두 행정구역은 1950년대에 운남성 정부에 의해 인위적으로 구획되고 명명된 것이라고 설명한다.

대만의 와인, 보이차의 유명 수집가인 왕걸(王傑) 선생이 보이차를 시음하는 모습.

세월이 증명이나 해주듯이 '오래된 마을'이라서 찻잎의 품질이 좋은 것이 아니라, 그곳의 '풍토(테루아)'가 품질의 고하를 결정하는 것이다. 여하튼 『노반장(老班章)』은 최고급 정품차 중에서도 품질이 명실상부한 제1위의 상품이다.

'반장왕'인 왕걸 선생이 운영하는 찻집뿐만 아니라 어떠한 찻집에서도 원산지가 확실하고 숙성 기간이 10년 이상이나 된 반장차라면, 그것을 어떤 방식으로 우려내 마시더라도 반드시 '반장운(班章韻)'을 느낄 수 있다. 이에 대하여 왕걸 선생은 와인의 '테루아'와 같은 관점에서 다음과 같이 설명한다.

해만차창의 반장 고수차원에서 자라는 웅장한 모습의 노차수(老茶樹)/사진 제공 : 해만차창.

"반장촌의 풍토적(테루아) 특성은 매우 독특하기에, 그래서 반장차는 사람들의 선호도에서 1위가 될 수밖에 없어요."

전통적인 제다 기술은 역사와 인문학을 떠날 수 없다. 2016년 추병량 선생의 제다 60주년을 기념으로 선생의 출생지인 '상운(祥雲)'을 상품명으로 하는 정품차를 기획하였다. 보이차의 '천, 지, 인'의 합일을 위해 계승의 시범을 보이는 것이다.

고수(古樹)와 병배 기술의 대표작,『상운재천(祥雲在天)』

샤토 라피트 로칠드(Châeau Lafite Rothschild)의 와인은 블렌딩 작업 뒤의 풍부한 맛과 향으로 전 세계인들로부터 사랑을 받고 있다.

와인의 블렌딩은 포도나무의 여러 품종, 포도밭 또는 산지에서의 원료로 와인 양조장 자체의 스타일에 따라 각기 다른 비율로 각각의 특색을 지닌 상품을 만드는 작업이다.

5대 와인 양조장 중의 하나인 라피트 양조장의 경우에는 생산 연도에 따라 블렌딩의 비율을 조정하는데, 일반적으로 그 비율은 카베르네 소비뇽(Cabernet Sauvignon) 70%, 메를로(Merlot) 25%, 카베르네 프랑(Cabernet

고수(古樹)의 찻잎을 원료로 병배한 대표작「상운재천(祥雲在天)」
장소 제공 : 신방춘차행(新芳春茶行)/촬영 : 왕림생(王林生).

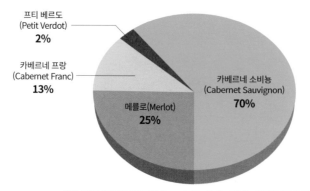

와인 「샤토 라피트 로칠드(Château Lafite Rothschild)」의 원료 '블렌딩' 비율

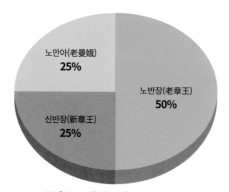

보이차 「상운재천(祥雲在天)」의 원료 '병배' 비율

Franc)[33] 13%, 프티 베르도(Petit Verdot) 2%이다.

　라피트 양조장은 블렌딩 비율에서 카베르네 소비뇽의 비율이 상대적으로 매우 높아서 와인이 맛이 매우 부드럽고 장기적인 숙성에도 강하다.

　그러나 부르고뉴는 단일 품종의 포도를 사용하기 때문에 와인의 블렌딩이 단일 산지의 것일 수도 있고, 두세 곳 또는 여러 곳의 소규모 산지의 것일 수도 있다. 이러한 블렌딩은 재료의 장점은 살리고 단점은 가리는 기술이다.

---

33) 소비뇽(카베르네 소비뇽), 메를로, 화이트 소비뇽(카베르네 프랑) 등은 모두 와인 양조에 사용되는 포도 품종이다.

보이차의 병배도 와인의 블렌딩과 비슷하다. 다양한 산지의 원료에 '고수(古樹)'의 순수한 원료를 배합하거나 '고수(古樹)'에 '대수(大樹)'와 '중수(中樹)'를 배합할 수도 있다.

그런데 『상운재천(祥雲在天)』은 세 산지에 자생하는 고수(古樹)만의 순수한 원료들로 배합한 것이다. 추병량 선생은 노반장 50%, 신반장 25%, 노만아 25%를 사용하여 병배하였는데, 보르도산 고급 와인의 블렌딩 방법과 그 원리는 같다.

『상운천지(祥雲天地)』('상운재천'과 '상운재지'의 총칭)의 제작은 매우 오랜 시일이 걸린 사업 계획이었다. 추소란, 추소화 씨 각각의 부부가 대만에 왔을 때 대북(타이베이) 송연문창원구(松煙文創園區)에서 유리예술가인 양혜산(楊惠珊)의 산당(山堂)을 방문하면서 『상운천지(祥雲天地)』와 양혜산의 작품인 『원만관음(圓滿觀音)』이 결합된 대표작이 기대되었다.

『상운천지(祥雲天地)』의 원료 산지를 논의하던 중 '반장(班章)은 왕이고, 빙도(冰島)는 왕후'라는 이야기가 있어, '일왕일후(一王一后)'의 개념으로 『상운재천(祥雲在天)』, 『상운재지(祥雲在地)』를 만들면 좋겠다는 의견이 나왔다.

그러나 추소란 씨는 보이차의 역사에서 왕후는 '빙도(冰島)'가 아닌 오랜 역사와 문화를 자랑하는 '이무(易武)'라고 정정하였고, 결국 반장과 이무 지역의 원료를 사용하기로 결정되었다.

이 사업 계획은 양자강 명예회장에게 전해졌고, 그는 대만 화백인 양은생(楊恩生) 선생을 통하여 『상운천지(祥雲在天)』의 포장을 새롭게 만들어 볼 것을 제안하였다. 단조로운 디자인의 기존 포장지와는 달리, 예술성과 전통성이 돋보이는 새로운 디자인이 필요하다고 본 것이다. 당시 양은생 화백은 수채생태화가로서 국제적으로 명성을 떨치고 있었고, 운남성과 그 지역의 소수민족을 작품에 담은 경험도 있었기 때문이다.

결국 양은생 화백을 반장, 이무의 고차산으로 초대하여 소수민족을 다룬 그림의 소재를 찾아나서기로 결정하였고, 수채화를 석판화(石

版畵) 세트로 수작업으로 제작한 뒤『상운천지(祥雲天地)』와 함께 한정판으로 생산하기로 정했다.

당시 양은생 화백은 무거운 카메라를 메고 노반장촌 32번지로 이동하여 고건충(高建忠) 씨의 다원을 둘러본 뒤 대만으로 돌아가서 노반장촌을 배경으로 하는 판화 1세트를 수작업으로 그렸다. 이 판화가 1편당 500g인 특제품『상운재천(祥雲在天)』의 포장지에 채용되었고, 추병량 선생은 그 포장지를 포장에 사용하기에 앞서 직접 사인하였다고 한다.

석판화는 물과 기름이 잘 섞이지 않고 분리되는 반발 원리를 이용하여 석판 인쇄면을 만드는 복고적이면서도 특별한 공예 기술이다. 그런데 시대도 변하였고, 제작에도 어려운 기술이 동원되고 비용도 많이 소모되어 지금은 거의 모습을 찾아볼 수가 없다.

양은생 화백이 직접 수작업으로 그린 석판화는 판화 중에서도 걸작이라고 할 수 있다. 그는 작업에 스스로 매우 엄격하고 정교함을 추구하기 때문에 작품이 완성되는 데만 꼬박 1년이나 걸렸다.

소수민족을 그려낸『채차소녀(採茶少女)』,『채차농부(採茶農婦)』등의 한정 작품(원작 그림의 석판마다 50장씩 한정하여 제작한 뒤 모두 수작업으로 색칠하였고, 기대에 미치지 못하면 다시 그리기를 반복하였다)에 고차산의 '하늘(天)'과 '땅(地)'과 '사람(人)'의 특징을 석판 공예를 통하여 세세히 보여 주었는데, 이것이 추병량 선생의『상운(祥雲)』시리즈와 만나 상승효과를 발휘하면서 한결 더 소중한 느낌을 주게 된 것이다.

대만의 세계적으로 유명한 수채생태화가인 양은생(楊恩生) 화백/사진 제공 : 양은생(楊恩生).

양자강(楊子江) 명예회장(가운데)과 함께 국영 차밭인 국가자원포(國家資源圃)를 방문한 양은생(楊恩生) 화백.

양은생(楊恩生) 화백의 석판화 제작 과정

사진 제공 : 양은생(楊恩生) 화백.

① 석판을 손으로 문지르기

② 그림 그리기

③ 석판을 물로 씻기

④ 롤러로 잉크 바르기

⑤ 제조 판면 완성

⑥ 인쇄 대기

⑦ 기계로 인쇄

⑧ 완제품 건조

합니족(哈尼族) 소녀

노반장 애니족(僾尼族)

찻잎을 따는 합니족 부녀

찻잎을 따는 합니족 소녀

납호족(拉祜族)의 중년 여성

결국 양은생 화백의 오리지널 수공예 한정품 석판화 5장이 『상운
재천(祥雲在天)』, 『상운재지(祥雲在地)』와 결합되어 추병량 선생의 제

「상운재천(祥雲在天)」, 「상운재지(祥雲在地)」의 공식 판본. 포장지의 추상적 도안은 태문(傣文)(태족 문자)인 '茶'에서 소재를 구한 것이다.

다 60주년을 기념하는 대표작이 탄생한 것이다. 그리고 태문(傣文)(태족의 문자)의 '茶'자도 추상적인 도안으로 디자인하여 '공식 판본'으로 함께 내놓았다.

반장 모차(毛茶)의 풍운아, '양영평(楊永平)'

추병량 선생의 제다 60주년을 기
념하던 2016년, 응추분(應鄒粉) 선생
의 요청을 수락하여 추병량 선생은 국
영맹해차창 시절에 함께 동고동락하
였던 양영평 선생을 노반장촌에서 만
났다.

양영평 선생은 노반장 차청의 원
료를 선택하는 데 '최고의 달인'이기로
노반장촌에서도 매우 유명하다. 지난
20년간 작은 차창의 가난한 원료 수급
원으로 시작하여 오늘날에 자수성가

「상운재천(祥雲在天)」의 모든 포장지에 사인
하고 있는 추병량 선생/사진 제공 : 장영현(張
永賢)

한 사람으로서 노반장촌에서 고차수도 많이 소유하고 있다. 이러한 배
경으로 언론 매체에서는 종종 그를 '반장왕(班章王)'이라고도 부른다.

과거에는 반장에서 가장 좋은 모차 원료를 찾으려면 그를 만나야
한다는 말도 있었다. 지금도 반장에서 가장 비싼 모차 원료를 찾으려면
역시 그를 찾아야 한다.

노국령 선생도 당시 추병량 선생과 함께 노반장촌에 동행하였다.
이때 그들은 차왕수(茶王樹) 아래에서 양영평 선생과의 수십 년에 걸친
우정을 사진으로 남겼다.

반장촌의 차왕수(茶王樹) 앞에서 양영평(楊永平) 선생과 기념사진을 찍고 있는 추병량 선생(왼쪽)과 노국령 선생
(오른쪽) /사진 제공 : 장영현(張永賢).

생태계를 파괴하는 과도한 수확

차농들이 거주하는 작은 마을인 노반장촌은 2011년부터 2015년 사이에 해를 거듭하며 부유해졌다. 그와 함께 과도한 채엽으로 인하여 자연 생태계도 동시에 파괴되기 시작하였다. 그러자 차인들 사이에서는 노반장 모차의 품질 하락에 대한 우려의 목소리가 높아졌다.

그러한 상황에서도 해만차창의 노반장 모차 원료의 수급원 중의 한 사람인 고건충(高建忠) 씨의 고수차원은 오로지 유기농, 바이오다이내믹 농법으로 운영 및 관리하고 있다고 한다. 항상 애니족의 전통 의상을 입고 방문객들을 안내하는 고건충 씨의 딸은 자신의 고수차원 관리에 대하여 다음과 같이 설명한다.

"우리 다원은 약을 뿌리거나 비료를 주지 않고, 제초제도 사용하지 않아요. 또 봄에 새싹들이 발아하면 곧바로 따지 않고, 오히려 일아사엽에서 일아오엽까지 성장해 품질이 가장 좋을 때까지 기다렸다가 채엽에 나서요."

노반장촌(老班章村)에서 고수차원을 운영하는 고건충(高建忠) 씨의 딸이 애니족의 전통 의상을 차려입고 찻잎을 따는 모습. 그녀는 생태 환경이 좋은 고수차원은 다양한 종의 생물들이 공존하는 훌륭한 자연환경이라고 설명한다.

한편, 2020년 3월 하순에는 대만 대북(타이베이)에서 연락이 닿은 고건충 씨도 당시 고수차원의 작황에 대하여 친절히 설명해 준 것이 깊은 인상으로 남아 있다.

"차나무에서 발아가 시작된 지 얼마 지나지 않아 채엽이 다소 늦어질 거예요. 강우량이 적어 올해에는 채엽량도 줄어들 것으로 예상되는데, 가격은 대체로 2019년도와 비슷할 것 같아요."

이같이 추병량 선생은 노반장촌에서 어느 농가의 원료 찻잎을 사용하는지 투명하게 공개하기 때문에 원료의 공급원과 최종 상품차의 안전성을 담보할 수 있다. 따라서 그의 보이차는 믿고 살 수 있는 것이다.

10년 동안 반장촌(班章村)의 전체적인 모습은 크게 변하였고, 반장촌의 차농들도 많이 부유해졌다. 위쪽 두 장의 사진은 10년 전의 모습, 아래쪽 두 장의 사진은 그 10년 뒤의 모습이다.

대기업에도 반장 고차수의 순수한 원료가 있다?!

많은 사람들이 대기업에서는 고차수의 순수한 원료 차를 확보하기가 힘들고, 작은 공방이나 정교한 상품차를 제작하는 전문 업체에서만 고차수의 순수한 원료 찻를 확보할 수 있다고 잘못 이야기한다.

그러나 직접 노반장촌을 방문하는 사람들이라면, 그곳의 차농들이 대기업의 요청에 따라 고수차원을 관리하는 것을 볼 수 있고, 물론 해만차창도 실제로 최고급 노반장 정품차를 생산할 수 있다는 사실을 알 수 있다. 대기업에서도 직접 팀을 인솔하면서 재료를 선택하여 시장의 구매자들이 충분히 안심하고 주문할 수 있도록 한다.

사실 노반장촌의 100여 호 농가들은 반장촌위원회의 조정에 따라 차밭을 배정받았기 때문에 선조가 남긴 차밭대로 영세한 모습이다. 이렇게 배정된 차밭은 각자 관리하기 때문에 일단 가격이 오르면 판매에 급급해 채엽에 나서서 서둘러 수확하였다.

심지어 10여 년 전 가뭄이 닥쳤을 때, 많은 차농들이 땅에 수도관을 매설하여 차밭에 물을 대었다. 더욱이 관광객이 유입되어 생태계가 파괴되었고, 채엽도 과도하게 이루어졌다.

또한 대기업에서 차밭에 브랜드를 표시하고, '고수(古樹)', '대수(大樹)', '중수(中樹)'를 구별하지 않으면서 채엽한 결과, 노반장차는 가격과 품질이 천차만별이 되고야 말았다.

2018년 이후 지방 정부는 드디어 상황의 심각성을 인식하였고, 엄격한 단속활동에 나서면서 당시 혼란스러운 상황을 조금씩 개선하여 나갔다. 지금은 해만

왼쪽은 둘레에 울타리가 없어서 아무나 올라갔던 차왕수의 오래전 모습(2011년). 이 차왕수는 고초를 겪기도 하였고, 과도한 채엽을 경험하기도 하였다. 오른쪽은 울타리로 둘러싸여 있는 현재 차왕수의 모습.

차창뿐만 아니라 다른 대기업에서도 노반장촌의 산지 차농과 장기적으로 지속 가능한 협력을 모색하고 있다.

현재 대기업을 대신하여 구매를 대행하는 도매상인들은 매년 생산되는 모차의 품질을 평가하여 합리적인 가격을 책정하고, 기업에서 정한 조건에 따라 원료를 준비하기 때문에 속임수도 거의 없어졌다.

유명 산지에 새로운 채엽 기준의 수립

노반장, 신반장, 노만아 등의 유명 산지는 채엽의 새로 표준 체계를 구축하고 있다. 물론 추병량 선생이 이끄는 해만차창도 소수의 노반장촌 주민과 그들이 관리하는 다원, 그리고 차나무에 관한 새로운 표준 시스템을 개발하고 있다.

유명한 산지의 모차 원료는 가격이 비싼 탓에 많은 사람이 노반장의 차산으로 돌아다니면서 차농들과 직접 계약하거나 구매하여 오리지널 '채자차(寨子茶)'(또는 산채차)라고 주장한다. 이렇게 구매한 소위 고수차의 순수한 원료는 노반장 산채차를 대표할 수 있는 것일까?

보이차의 생산에 사용되는 차나무는 유명 와인 산지의 포도나무 품종과는 그 서식 분포도가 다르다. 와인은 재배자들이 산지의 테루아와 기후에 주의를 기울이기 때문에 '보이차 나무'의 다원같이 여러 품종이 혼재해 있는 경우가 드물다.

반면 차나무의 재배지에는 다양한 품종들이 분포할 수 있고, 각 품종마다 약간씩의 차이를 보인다. 오늘날 보이차의 생산에 사용되는 차나무의 품종은 운남성에서 이미 국가급, 성급, 현·시급으로 분류해 놓았다. 국가급 품종은 모두 5종인데, 그중에서 '맹해대엽종(勐海大葉種)', '맹고대엽종(勐庫大葉種)', '봉경대엽종(鳳慶大葉種)'은 고수(古樹) 품종이다. 나머지 2종은 인공 개량종으로서 '운강(雲抗) 10호'와 '운강 14호'이다.

지금이야말로 소규모의 산지와 차나무의 품종에 대한 분류의 기준을 정립해야 할 최적기로 볼 수 있다. 노반장촌위원회의 산하에는 다

와인병의 라벨에서 대부분 확인할 수 있는 포도 품종/촬영 : 조지항(趙志恒).

보이차의 차나무 품종은 왜 포장지에 표시하지 않을까?

섯 산채(山寨)(산골 마을)가 있다. 그 각각의 마을이 하나의 산지이고, 또 서로 다른 품종의 차나무들이 분포하기 때문에 와인의 산지 품종 규정을 차용하면, '노반장', '신반장', '노만아', '파가(巴卡)', '패카닙(壩卡囡)'의 차나무는 다시 세분화할 수 있다는 것이다.

예를 들면, 노반장의 고수 품종은 맹해대엽종, 노반장 군체종, 1호 품종, 2호 품종 등으로 세분될 수 있는 것이다. 이것이 실현된다면 현재 산지가 혼동되고 차나무의 품종이 불분명하여 '고수첨차(古樹甛茶)', '고수고차(古樹苦茶)'에 머무는 분류의 수준에서도 곧바로 벗어날 수 있을 것이다.

'양적', '질적'으로의 성장이 선순환하는 산지의 관리

노반장촌 32번지의 고건충 씨가 운영하는 고수차원의 경우에는 수령이 100년 이상인 '대수(大樹)'와 '고수(古樹)'를 1번에서 100번까지 번호를 매겼다. 100그루의 고수와 대수의 성장 상태에 따라 매년 상위 50%의 건강한 성장과 높은 수확량을 보이는 양질의 모차만 수확하고, 나머지는 채엽하지 않고 보호한다.

이렇게 해마다 50%의 양으로 찻잎을 수확하면 다원을 더욱더 효율적으로 유지 및 관리할 수 있고, 과도한 채엽도 피할 수 있다. 한두 명의 차농부터 먼저 실천한다면 시간이 지날수록 더 큰 선순환이 일어날 것이다.

소규모의 산지와 차나무의 품종을 분류하여 노반장 보이차의 표준을 정한다면 점차 과도한 채엽이 줄어들면서 고차수의 자원을 보호할 수 있다. 또한 상품의 품질과 가격의 문제점도 해결하여 새로운 발전을 촉진할 수 있다. 『노반장(老班章)』 보이차를 시작으로 앞으로 유명 원산지의 제원과 찻잎의 품질에 대한 새로운 표준이 탄생할 것으로 기대한다.

제
7
장

대만에서의 보이차 성행

보이차가 대만에 전파된 역사는 근 반세기가 되었다. 일제 시대에 대만 학자인 연횡(連橫, 1878~1936)은 『명담(茗談)』에 '민(閩)'(복건성의 옛 명칭), '대(台)'(대만) 두 지역의 차를 마시는 풍습에 대하여 다음과 같이 기록하였다.

"대만 사람들이 차를 마시는 습관은 중국 본토와 다르고, 장주(漳州), 천주(泉州), 조주(潮州) 지역과 같은 것은 대만에 이 세 지역의 사람들이 많아서 취향이 비슷하기 때문이다. 명(茗)(차)은 무이암차(武夷岩茶), 호(壺)는 맹신호(孟臣壺), 배(杯)는 약심배(若琛杯)로 갖추는 것이 차를 마시는 세 가지의 필요조건이다. 이 세 가지가 없다면 자랑할 것도 없고, 손님을 대접하기에도 부족하다."

명(明), 청(淸)의 초기에 복건성 연안에서 바다를 건너 대만으로 갔던 선조들은 보이차가 아니라 복건성에서 가져간 무이암차를 마셨다는 사실을 알 수 있다. 역사적으로 보면 대만과 보이차는 전혀 연관성이 없다. 또한 대만에서 보이차의 보급과 인기를 이야기하기 이전에 운남 보이차의 보급과 전파를 먼저 이해하고 있어야 한다.

운남에서 태어나 홍콩에서 성장한 보이차

모든 차 중에서도 100년 이상 실물로 보존되어 온전한 증거와 기록이 남아 있는 것은 오직 '보이차'가 유일하다. 보이차의 역사를 알아보려면 운남성의 보이차 성지인 '이무(易武)' 지역으로 가야 하고, 100년 넘은 실물을 찾으려면 '홍콩'으로 가야 한다.

청나라 말 이후 석병상방이 만들어 유통한 호자급 보이차는 홍콩에 많이 보관되어 있다. 홍콩의 중환(中環) 지역에 있는 80년 이상의 역사를 자랑하는 '육우차실(陸羽茶室)'에서는 『진운호(陳雲號)』의 100년이나 된 '노차(老茶)'를 여전히 보존하고 있고, 상환(上環) 지역에 있는 도매업체인 '임기원차행(林奇苑茶行)'에서는 지금도 100년 이상이나 묵은 '보이노차(普洱老茶)'를 거래하고 있다.

그러나 같은 상환 지역에 있던 도매업체인 '진춘란차행(陳春蘭茶行)'은 1997년 홍콩이 중국에 반환될 때 영업을 끝냈고, 그들이 남긴 『남인(藍印)』 철병은 대만 수집가들의 손에 넘어갔다.

이에 대하여 등시해 선생은 "보이차는 운남에서 태어나고 홍콩에서 성장한 셈"이라고 설명한다.

많은 수집가들이 100년이나 '진화(陳化)'된 보이차의 '월진월향(越陳越香)'(오래 묵을수록 향미가 더 훌륭해진다)의 맛을 찾아 홍콩으로 온다[34] 『운남차엽진출구공사지(雲南茶葉進出口公司誌)』에 따르면, 1990년까지 홍콩에서 전통 보이차의 도·소매업에 종사하는 차장(茶莊), 차행(茶行), 다방(茶坊), 차예센터(茶藝中心), 차업공사(茶業公司)는 약 800여 곳의 찻집, 호텔에 보이차를 공급하고 있었고, 홍콩에서의 연간 판매량도 약 4000톤이나 되었다고 한다.

2012년 12월, 저자가 첫 번째 저서를 가지고 홍콩의 '육우차실(陸羽茶室)'을 찾아가 1992년도의 기억을 떠올리는 모습.

그중에서 운남 보이차는 약 40%를 차지하고 있었던 것으로 나타났다. 홍콩에서도 100년 역사를 자랑할 정도로 오래된 도매업체인 '영기차장(榮記茶莊)'-청나라 함풍(咸豐) 5년(1855년)에 개업한 진춘란

---

34) 보이차는 홍콩에서 장기간 저장되고, 그 저장 조건에 따라 풍미가 다양해진다. 등시해 선생의 관점에서는 저장 환경의 습도가 80% 이하일 경우 '건창(乾倉)'으로, 80% 이상일 경우 '습창(濕倉)'으로 분류하였다. 건창과 습창에 각각 보관된 보이차는 맛에서 많은 차이가 난다.

차장(陳春蘭茶莊)-은『정산보이차(正山普洱茶)』와『이무춘첨(易武春尖)』등의 상품을 전문으로 판매하였다.

영기차장의『정산보이차(正山普洱茶)』의 상표에는 "본호는 100년 된 매장으로, 영자(榮字)의 붉은 인(印)을 그 표기로 한다(本號具百年經驗, 認榮字朱印爲記)"의 문구가 인쇄되어 있다.

등시해 선생의 저서『보이차(普洱茶)』에는 "홍콩의 '안기향차방(顏奇香茶坊)'에서도 '백 년 보이차'를 거래하는데, 이무 지역의 4대명장(四大名莊)인 '복원창호', '송빙호', '강성호(江城號)', '군기차장(群記茶莊)'의 상품차들을 모두 만나 볼 수 있다"고 기록되어 있다.

이외에도 '영기차행(英記茶行)', '영원차행(榮源茶行)', '의화성차행(義和成茶行)', '이안차장(利安茶莊)', '복명차장(福茗茶莊)', '홍콩광원차행(香港廣源茶行)', '차예낙원(茶藝樂園)', '홍콩차구문물관(香港茶具文物館)', '회원차행(匯源茶行)', '홍콩차예센터(香港茶藝中心)' 등이 있다.

보이차를 사랑하는 도시인 홍콩은 보이차의 찻집 문화를 형성하였고, 또한 보이차를 마시는 긴 역사도 간직하고 있다.

남양 화교들의 보이차 사랑

보이차는 홍콩뿐만 아니라 남양(南洋)(오늘날 동남아시아)까지 전파되었다. 역사는 청나라 시대로 거슬러 올라가는데 건륭 황제가 안남(安南)(현재 베트남)의 국왕에게 보이차를 선물한 일을 계기로 남양의 화교 전체가 보이차를 마시게 되었다.

남양은 해외에서도 보이차를 저장하는 신비한 보물 창고와도 같은 곳이다. 2012년 광주국제차박람회에서 '말레이시아창(倉)'에 저장된「중차패원차(中茶牌圓茶)」의『홍인(紅印)』상품이 등장하여 보이차업계가 떠들썩하였던 적이 있다. 이 말레이시아창은 비교적 이른 시기의 보이차 저장고로서 이미 각국 보이차 애호가들이 인정하고 있다.

남양은 남중국해 주변의 베트남, 태국, 말레이시아, 싱가포르 등을

말레이시아창에서 저장된 보이노차(普洱老茶). 2012년 광주국제차박람회에 처음으로 등장하여 보이차 업계를 떠들썩하게 만들었다.

가리킨다. 명나라, 청나라 시대를 거치면서 광동(廣東), 광서(廣西), 복건(福建) 등의 주민들은 사업의 편의를 위하여, 또는 전란을 피하여 남양 지역으로 이주하였고, 점차 더 많은 수의 사람들이 남양에 정착하면서 중국인들의 차 문화도 함께 형성되었다. 그 과정에서 운남 보이차

뿐만 아니라 광서 오주(梧州)의 '육보차(六堡茶)'(흑차), '용정차(龍井茶)'(녹차), '철관음차(鐵觀音茶)'(우롱차), '대홍포차(大紅袍茶)'(우롱차)도 남양으로 전파되었다.

지금도 말레이시아 페낭(Penang) 지역에 있는 화교들 사이에는 다양한 한족 문화가 계승되고 있는데, 특히 거문고, 바둑, 서화, 차 문화는 쉽게 찾아볼 수 있는 모습이다.

말레이시아에서 태어난 등시해 선생은 "나는 어머니의 배 속에 있을 때부터 보이차를 마셔서 보이차를 마신 나이가 실제보다 한 살 더 많다"고 농담을 던지기도 하였다.

역사적으로 매우 불안정하였던 청나라 말기에도 남양 화교들의 차를 마시는 풍습은 계속되었다. 그로 인하여 대리(大理), 사모(思茅), 판납(版納), 이무(易武) 지역의 찻잎들은 국경을 넘어 베트남의 라이쩌우(Lai Chau)에서 하이퐁(Hai Phong)으로 운송된 뒤, 다시 선박에 실려 광동성을 경유하여 홍콩, 마카오, 남양으로 배송되었다. 이로써 보이차의 문화가 남양에서도 꽃을 피우게 된 것이다.

보이차를 대만에 들여온 선구자는 '차 행상들'

대만은 보이차를 접한 역사가 가장 짧지만 가장 깊은 인연을 맺고 있기도 하다. 보이차가 대만에서 수집가들에게 사랑을 독차지하게 된 이유는 무엇일까?

1987년에 대만차개장(臺灣茶改場) 책임자인 오진탁(吳振鐸) 교수가 월간지 〈차여예술(茶與藝術)〉(차와 예술)에 「운남, 보이차의 고향(雲南, 普洱茶的故鄕)」 기사를 실었지만, 그 당시에는 대만에서 큰 주목을 받지 못하였다.

그런데 홍콩에서 보이차를 대만에 홍보하기 시작하였다. 1991년경에는 홍콩 의화성차행(義和成茶行)이 보이차에 관한 내용을 도매업체인 '구호당차장(九壺堂茶莊)'의 첨훈화(詹勳華) 선생 등을 통해 대만 차인들에게 소개하기도 하였다. 당시 영기차행(英記茶行)과 의화성차행에서는 보이생차와 보이숙차인『백침금련(白針金蓮)』[35]을 비닐에 포장하여 판매하였다.

이같이 보이차를 홍콩에서 대만으로 유입한 선구자들은 홍콩과 대만을 오가며 보이차를 거래하던 차 행상들이었다.

등시해(鄧時海) 선생이 일으킨 보이차 열풍

대만에서 보이차를 자주 접할 수 있었던 것은 1990년 이후부터였다. 이렇게 대만에서 보이차가 널리 보급된 데는 등시해 선생이 저술한『보이차(普洱茶)』가 큰 역할을 하였다.

등시해 선생은 1993년 '제1회 보이차국제학술심포지엄'에서 「월진월향의 보이차(普洱茶越陳越香)」 제목의 논문을 발표한 데 이어 1995년에는 저서『보이차(普洱茶)』를 출간하였다. 그 뒤『보이차(普洱茶)』는 대만에서 보이차의 선풍적인 인기를 일으킨 경전이 되었고, 호자급 골동보이차와 노차를 오늘날까지도 보이차 수집가들에게 큰 사랑을 받도록 만들었다.

대만에서 보이차 열풍을 일으킨 등시해(鄧時海) 선생/사진 제공 : 등시해(鄧時海).

---

35) 운남 보이차의 일종으로 국영맹해차창에서 처음 만들어진 보이숙차이다. 배방(레시피)은 역사적으로 유명한 운남성의『여아차(女兒茶)』에서 비롯되었다.

이 저술을 완성하기 위해 등시해 선생은 직접 운남성으로 가서 차의 산지를 방문하고 차 역사의 시작점에서부터 자료들을 수집하였다. 또한 국영맹해차창의 추병량 선생을 방문하여 보이차의 제다 역사와 문화도 조사하여 그 흥미로운 이야기들을 사람들에게 소개한 것이다.

홍콩의 유명 차장(茶莊)에서 대만으로 전해진 골동보이차

1997년에는 홍콩의 중국 반환으로 유명 차행들이 폐업을 앞두고 골동보이차들을 처분하였다. 이때 1950년~1960년대의 『홍인(紅印)』, 『녹인(綠印)』, 『남인(藍色)』 철병 등 역사적으로 초기 중차패원차들이 대만으로 유입되어 수집가들로부터 큰 주목을 받았고, 고급 다과회에서도 큰 인기를 끌었다. 일부 수집가들은 골동보이차를 최대한 많이 수집하기 위해 거액의 돈도 아끼지 않았다.

그런데 이러한 보이차는 당시 소수의 차 애호가 층에서만 큰 호황을 누렸을 뿐 대만의 일반 대중에게는 인기를 누리지 못하여 '곰팡이차'라는 오명을 쓴 채로 근 30년의 세월을 보내야만 했다.

그 뒤 1994년부터 여예진(呂禮臻), 정첨복(鄭添福) 선생을 비롯하여 일부 차인들이 이무 지역에서 보이차의 '뿌리'를 찾아 나섰고, 이때 수많은 대만 차인들이 그 뒤를 따르면서 보이차의 소비 시장도 급성장하기 시작하였다. 그리고 여예진 선생이 당시 이무향(易武鄉)의 향장(鄉長)이었던 장의(長毅) 선생을 만나면서 중국과 대만에서 보이차의 문화를 탐구하기 위한 큰 걸음을 내디뎠다.

여예진(呂禮臻) 선생이 일으킨 보이차 문화의 부흥!

대만 차업계의 원로인 여예진 선생은 현대 보이차의 선두 주자로 꼽히며, 보이차의 근원을 찾는 데 많은 공로를 세웠다.

그는 대만에서 최초로 이무 지역의 호자급 골동보이차를 재현하려고 시도한 사람 중의 한 명이었다. 중화차연합회(中華茶聯合會) 회원들과 처음으로 이무 지역에 도착하였을 때, 그들이 마주한 것은 1940

중국 이무향(易武鄉)의 향장(鄉長)이었던 장의(長毅) 선생(왼쪽)과 대만의
차인 여예진(呂禮臻) 선생(오른쪽). 이 두 사람은 서로 협력하여 호자급 보이
차의 제다 공법을 되찾아서 보이차 문화의 부흥을 위한 새로운 장을 열었다/
사진 제공 : 여예진(呂禮臻).

년부터 버려진 황폐한 도시였다.

이러한 상황에서도 이무 지역에서 호자급 보이차의 제다 기술
을 찾겠다는 노력을 고수하였지만 찾을 수가 없었다. 결국 현지의 사
람들은 향장(鄉長)에서 은퇴한 장의(張毅) 선생을 찾아가 보라고 일러
주었다.

장의 선생을 찾았을 때 그는 뇌졸중으로 병상에 누워 있었다. 여예
진 선생은 당시 수중에 있던 10만 위안을 장의 선생에게 드리면서 "모
든 일을 부탁드립니다"는 한 마디만 남기고 대만으로 돌아갔다.

장의 선생은 여예진 선생의 부탁을 저버리지 않았고, 이듬해인
1995년『진순아호(眞醇雅號)』를 탄생시켰다. 이 보이차는 호자급의 제
다 공법을 되찾아 보이차 문화의 부흥에 새로운 장을 열었다. 또한 고
차수의 순수한 원료만으로 만든 호자급 보이차의 열풍이 일면서 대만
에서도 백가쟁명식의 상황이 펼쳐졌다.

2000년도에 접어들어 골동보이차와 1950년대, 1960년대의 노

이무(易武) 지역의 유명 차 상호인 「차순호(車順號)」는 청나라 조정으로부터 「서공천조(瑞貢天朝)」라는 문구가 새겨진 현판을 받았다. 대만의 차인 여예진(呂禮臻) 선생(오른쪽)은 「차순호(車順號)」의 옛터를 방문하여 차씨의 후손인 차지결(車智潔)(왼쪽) 씨와 함께 현판을 사진으로 찍어 기록으로 남겼다.

차, 1970년대의 『7532』, 『7542』, 1980년대의 『8582』, 『88청』과 같은 상품차들도 잇달아 홍콩에서 대만으로 유입되었다.

여행작가 겸 보이차 애호가인 오덕량(吳德亮) 선생의 『보이차의 풍운(風起雲勇普洱茶)』은 골동보이차와 노차를 수집하는 트렌드를 열었다. 뒤이어 진지동(陳智同) 선생은 저서 『심오한 칠자의 세계(深邃的七子世界)』에서 1950년대에서 밀레니엄 시대까지 운남성 국영맹해차창에서 생산된 상품차들을 사진과 함께 외관, 내비 등을 소개해 보이차 감별(品鑑)의 체계적인 기초 지식을 제시하였다.

이와 같은 배경으로 불과 10년이라는 짧은 기간에 보이차는 대만의 차 업계에서 새로운 수집 트렌드를 형성하였다.

보이차가 대만에서 성행하는 세 경로

대만에서 보이차의 성행은 주로 세 전파 경로와 관련 있다. 첫째는 전문 매체를 통한 심도 있는 소개이고, 둘째는 다도 선생들이 차 문화를 즐기는 장소에서 홍보하는 것이며, 셋째는 문화, 예술 분야의 수집

보이차를 생산하는 차원(茶園)의 전경. 그 대부분은 고지대에 있어 접근하기가 쉽지 않다/사진 제공 : 해만차창.

가들이 수집의 개념으로 노차를 소장하는 형태이다.

이외에도 대만 문화인들의 기사 발표, 전문 서적 출판, 언론 보도가 지난 20년 동안 중국과 대만의 보이차 애호가들에게 큰 영향을 주었다. 일찍이 오행도서공사(五行圖書公司)에서 발간한 계간지 〈보이호예(普洱壺藝)〉에서는 매회 특집 기사로 '보이차의 산지', '상품', '제다사', '제다 기술' 등을 주제로 소개하였다.

중국, 홍콩, 대만, 말레이시아, 한국의 차 산업계에 종사하는 사람들은 '국제보이차교류세미나'를 해마다 개최하여 보이차 문화의 확산에 큰 역량으로 새롭게 등장하고 있다.

보이차 전문가들은 2000년도 이후에 생산된 보이차를 평가하고 추천하는 가운데 골동보이차에서 인급차, 초기, 중기의 칠자병차, 나아가 2000년도 이후의 대량 상품차, 고수의 순수 원료 차, 정품 산지 차에 이르기까지 보이차의 전체 체계와 맥락을 세웠다.

동시에 여예진, 정첨복 선생을 비롯하여 차 업계의 인사들은 대만의 차 영역을 벗어나기 시작하였다. 이들은 보이차를 만들기 위하여 운남성에 간 최초의 대만인들이다. 또한 대만의 도매업체인 차행(茶行)들도 '유명 산지'와 '고수의 순수 원료'를 선호하기 시작하였다.

이러한 배경 가운데 수많은 찻집과 다도 선생들이 보이차를 홍보하고, 더욱이 팀까지 구성하여 운남성으로 날아가 좋은 차와 고수의 순수 원료를 찾는 일도 병행하였다. 그 뒤 대만으로 돌아와 커뮤니티를 통하여 산지를 추천하고, 그곳을 홍보하기 시작한 것이다.

'곰팡이가 핀 차'라는 고정 관념에서 벗어나다!

대만 사람들에게 보이차가 낯설었던 가장 큰 이유는 보이차에 관한 정보의 진위를 가리기가 어려웠기 때문이다. 대만의 차 산지들은 차량으로 3시간이면 어디든지 갈 수 있는 거리에 있다.

그러나 운남성의 보이차 산지는 까마득히 멀리 있고, 높이가 10m에 달하는 운남대엽종의 차나무는 사진을 보고도 믿기 어려울 정도로 대만의 차나무와는 외관에서 확연한 차이가 있었다.

그럼에도 불구하고 대만 도예가들이 가마에 장작을 때서 소성한 도자기 작품들이 보이차의 다기로 활용되면서 다기의 문화 영역에서도 보이차가 선호되는 움직임이 일었다.

특히 효방요(曉芳窯)와 도공방(陶作坊)의 도예 작품들이 대만과 중국에서 입소문이 나면서 '천인차엽(天仁茶葉)', '백년요양(百年嶢陽)', '왕덕전(王德傳)' 등의 유명 대만 차업에서도 자체 브랜드로 보이차를 시장에 선보이기 시작하였다.

이렇게 여러 해가 지나면서 대만에서는 이제 보이차를 모르는 사람이 거의 없을 정도가 된 것이다. 그와 함께 '곰팡이 핀 차'라는 고정관념에서 벗어나 보이차는 새로운 문화상품으로서 자리매김하였다.

대만 보이차의 '골든 트라이앵글' 시장

보이차는 대만에서 세 개의 주요 시장이 '골든 트라이앵글(Golden Triangle)'을 형성하고 있다. 하나는 골동보이차, 노차의 수집을 위주로 하는 시장이고, 다른 하나는 『대익(大益)』, 『노동지(老同志)』, 『칠채운남(七彩雲南)』, 『육대차산(六大茶山)』, 『중차패(中茶牌)』, 『하관(下關)』 등 유명 기업에서 대만에 보급한 브랜드의 정품차 시장이다. 또 하나는 대만의 작은 공방에서 고수의 순수한 원료만으로 만들어 희소성이 매우 높은 정품차의 시장이다. 이 시장은 포장이 매우 정교할 뿐만 아니라 공방의 단골에게만 추천하는 것이다.

불과 20년~30년이라는 짧은 기간에 고(古), 노(老), 중(中), 청(靑), 신(新) 시대별의 보이차들이 대만으로 유입되었고, 골든 트라이앵글을 이루는 세 시장을 통해 다시 홍콩, 말레이시아, 일본, 싱가포르, 한국, 심지어 중국 본토로도 전파되고 있다. 대만에서 보이차의 보급은 앞으로 60년 동안 큰 영향을 미칠 것이다. 보이차는 중국 운남에서 태어나 홍콩에서 성장하여 남양에서 꽃피고 대만에서 열매를 맺었다. 중국에서 온 보이차는 다시 고향으로 돌아가 대륙의 새로운 시장에 정착할 것이다.

대만에서 보급되는 중국 유명 차업의 브랜드들.

새로운 트렌드인 '생산 이력제'

보이차 시장에서 벌어진 혼란스러운 상황을 바로잡는 일은 추병량 선생과 밀접한 관련이 있다. 그가 국영맹해차창의 공장장으로 재직하던 시절에 만든 『7542』, 『8582』와 같은 보이차는 작은 공방들이 앞다투어 모조하여 판매하였기 때문에 시장에서 그 진위를 판별하기가 여간 쉽지 않다.

그러한 가운데 노차와 중기의 상품차들이 가격이 급등하면서, 『7542』 1편은 30만~50만 대만달러, 『8582』는 50만~60만 대만달러까지 가격이 치솟았다. 그러나 그중 90% 이상은 진위에 논쟁의 여지가 있었다.

추소화 씨에 따르면, 부친인 추병량 선생은 1996년 국영맹해차창에서 은퇴할 때까지 차의 포장지에 자신의 사인을 남기지 않았다고 한다. 그러나 보이차를 즐기는 수많은 사람은 이 사실도 모른 채 사인이 서명된 모조품을 사는 일이 많았다.

또한 2006년 8월 16일 이전에 생산한 『노동지(老同志)』의 전차(磚茶)에는 죽편(竹片)이 들어 있었다. 그러나 얼마 지나지 않아 죽편이 들어 있는 모조 『노동지(老同志)』 전차가 시장에 대량으로 나타났다.

추소란 씨에 따르면, 이것들은 포장은 거의 완벽하게 같지만, 찻잎의 품질은 전혀 같지 않은 모조품이라고 한다. 이 사건으로 『노동지(老同志)』의 진위를 판별하는 해결책을 모색하는 과정에서 생산 이력제의 관리 시스템과 결부되었고, 이는 대만에서 보이차가 확산되는 데 큰 이정표가 되었다.

2010년 9월 보이차의 뿌리를 찾기 위한 여행에서 대만의 차인들은 운남성의 정부, 학계, 기업인들과 한자리에 모여서 현대 보이차의 생산 이력제 관리 시스템을 도입하기 위하여 협력을 논의하였다.

이 자리에서 운남보이차협회 장보삼(張寶三) 회장은 대만의 차인들에게 소비자로서 협력할 수 있는 협회를 창립하라고 제안하였다. 이를 계기로 2012년 9월 23일 대만 내무부 사회부의 승인을 받아 '중화

대만 영풍여집단(永豐餘集團)의 자회사인 영혁과기공사(永奕科技公司)는 운남성 차엽부처 및 차업들과의 협력을 통하여 첨단 RFID 기술을 도입해 모든 보이차에 생산 이력을 제공하고 있다.

보이차교류협회(中華普洱茶交流協會)'가 창립되었다.

보이차의 생산 이력 추적, 인증제로 협력 개시

2010년 9월, 운남성 보이시(普洱市) 부시장 겸 운남농업대학교 부총장인 성군(盛軍) 선생이 대만 차인들을 초청하여 보이차의 발전을 위한 차 산업, 과학, 브랜드, 문화, 경제에 대한 청사진을 제시하였다.

이듬해인 2011년도에 대만 차인들의 아이디어인 '모바일 인식표가 내장된 보이차'에 기반하여 대만의 '영풍여집단(永豐餘集團)'의 자회사인 영혁과기공사(永奕科技公司)에서 현대 보이차를 위한 지능형 관리 시스템을 구축하여 보이차의 생산 이력과 저장 이력에 관한 정보를 관리하는 데 응용하였다.

2011년 11월 광주국제차박람회에서 추병량 선생은 운남성차엽사무실 양선희(楊善禧) 주임과 대만 영혁과기공사 서영용(徐永龍) 부사장과 함께 '인식용 칩(Verification chip)'을 삽입하여 비로소 '모바일 인식표'를 갖춘 첫 보이차를 공식 발표하였다. 이는 현대 보이차가 지능형 관리 시스템의 시대에 들어서는 역사적인 행보였다.

모바일 인식표가 내장된 보이차 「해만일호(海灣壹號)」.

중국 본토에 다시 상륙한 보이차

중국은 개혁·개방으로 경제가 하루가 다르게 발전하고 있다. 2009년도에 골동보이차가 경매 시장에 등장[36]하면서 수집가들의 호기심을 불러일으켰다. 2009년부터 2016년까지 대만의 골동보이차 수집가들은 가격과 호불호를 떠나 생산 연도만 보고 보이차를 중국 시장에서 싹쓸이하다시피 구매하였다.

예술 작품이 소장하면서 즐기는 골동품이라면, 보이차는 마시면서 즐기는 골동품으로서 수집 분야에서도 독보적인 위상을 갖고 있다. 불과 10년이라는 짧은 기간에 중국 최고의 수집가들은 골동보이차를 소장하고 마시는 일을 큰 자랑으로 여기었고, 홍콩, 대만, 중국 세 곳의 경매장에서는 입찰 경쟁이 벌어지기도 하였다.

보이차는 청나라 시대부터 중차공사(中茶公司)에 이르고, 그 중차공사에서 다시 국영맹해차창과 현대 보이차의 차업에 이르면서 수많은 우여곡절을 거친 뒤 다시 중국으로 상륙하였다.

등시해 선생에 따르면, 보이차는 청나라의 옹정제(雍正帝)에서 광

---

36) 2009년 중국가덕(中國嘉德) 경매소에서 처음으로 골동보이차의 경매가 시작되었다.

서(光緒帝)에 이르기까지 무려 100년 넘게 '공차(貢茶)'의 영광을 누렸으며, 당시 황실에서 마신 것은 '노차'나 '숙차'가 아니라, 차산인 이무(易武), 의방(倚邦)의 황실 다원에서 생산되어 '관마대도(官馬大道)'를 따라 북경으로 운송된 신선한 '보이생차'였다고 한다.

또한 등시해 선생은 맛이 독특하면서도 깔끔하여 황실의 사랑을 독차지한 보이생차가 다시 현대 보이차의 시작을 열어야 한다고 주장하고 있다.

이제 중국에서 다시 인기를 끌기 시작한 보이차는 운남성 정부가 트렌드를 잘 살려서 10편을 구매하면 7편은 소비하고, 3편은 보관하도록 장려해야 한다. 그래야만 보이차를 마시는 즐거움과 소장의 가치를 동시에 가질 수 있다. 올바른 시음 방법을 창안하고 이를 잘 홍보한다면, 보이차는 또다시 중국에서 그 위세를 떨칠 수 있을 것이다.

보이차의 전문가들이 모여 시음하고 있는 모습.

보이차에 생산 이력제를 처음으로 도입하고, 정착시킨 일대종사, 추병량 선생.

제8장

제다사(製茶師)의 위상 재정립

장인 정신과 전통의 가치

보이차를 마시고 소장하는 경우에는 차의 생산 연도와 맛에만 신경을 썼고, 오래된 것과 최고의 순수 원료로 만든 것만 귀중히 여기는 관례가 있었다. 『홍인(紅印)』, 『녹인(綠印)』, 『황인(黃印)』, 『7542』, 『8582』가 오랫동안 대세였던 시장에서도 오늘날에는 그러한 관례들이 서서히 바뀌고 있다.

현대 보이차에서 장인 문화의 가치를 재정립하는 작업은 이미 2017년도에 공왕부박물관의 전시로 막을 올렸다.

중국 문화부의 무형문화대전에서는 6대 차류 전수자의 큐레이터 전시회를 기획하였다. 보이차의 전시회 이전에는 사천성(四川省) 아안(雅安)의 '남로변차(南路邊茶)'[37], 광동성(廣東省) 조주(潮州)의 '봉황단총(鳳凰單叢)'[38]이 북경 공왕부박물관에서 전통 제다 기술을 선보였다.

보이숙차의 인위적인 속성 발효 가공인 악퇴 기술은 한때 국가 비밀로 분류되어 보안 사항에 부쳤을 정도로 매우 정교하다. 실제로 2004년부터 추병량 선생은 일본의 발효 과학자인 나카야마(中山) 박사와 함께 미생물 발효 균종 첨가 기술을 통하여 자연 발효와 인공 발효를 비교 및 실험하는 프로젝트를 시작하였다. 이는 미생물의 균종을 첨가하는 인공적인 발효와 자연적인 발효의 차이를 과학적으로 검증하고 비교하는 프로젝트였다.

2012년 프로젝트가 끝날 무렵에 추병량 선생은 '악퇴 발효'가 일본의 '과학 발효'보다 훨씬 더 풍부하게 변화를 일으켜 숙성된다는 연

---

37) 청나라 건륭 연간에 사천성의 아안(雅安), 천전(天全), 영경(榮經) 지역에서 차의 생산과 판매는 조정에서 직접 관리하였기 때문에 '관차(官茶)'라고도 하였다. 생산된 차들은 서강(西康)과 서장(西藏) 지역으로 판매되어 「남로변차(南路邊茶)」로 불린다. 남로변차는 등급이 높고, 오늘날 「장차(藏茶)」의 대표 상품으로 꼽힌다.

38) 봉황단총은 '봉황차(鳳凰茶)'의 대표적인 상품으로, 광동성 조안현(潮安縣) 봉황진(鳳凰鎭)에서 생산하는 고급 우롱차의 일종이다. 독특한 향과 단주(單株)에서 채엽하여 제다하는 것으로 유명하다. 명나라 시대에 공차로 진상된 차이다.

구 결과를 자랑하였다. 해만차창의 숙차 발효에 관한 전통 기술은 시대와 함께하면서 과학기술의 시대에도 도태되지 않는다는 사실이 입증된 것이다.

공왕부박물관의 전시회는 무형문화 전승으로서 장인 문화의 중요성을 강조하는 무대였다. 보이차에 대하여 유명 상품과 좋은 산지만 선호하던 기존의 관례를 바꾸고 문화 콘텐츠로서 보이차의 새로운 트렌드를 선도해야 할 때이다.

일본의 발효 과학자 나카야마(中山) 박사(왼쪽)와 추병량 선생(오른쪽)의 모습. 두 사람은 보이숙차의 후발효 기술을 공동으로 연구하였다/촬영 : 유건림(劉建林).

양조사처럼 존경을 받아야 할 '제다사'

추병량 선생의 '제다사(製茶師)'로서 위상은 프랑스 와인 '양조사(釀造師)'의 명장인 앙리 자이에(Henri Jayer, 1922~2006)와 같다.

와인 세계에서 자이에는 '부르고뉴의 신(神)'으로, 보이차 세계에서 추병량 선생은 '일대종사(一代宗師)'로 추앙을 받고 있다. 보이차의

제다사를 와인 양조사와 같은 관점에서 보면 이해하기 쉽다.[39]

우선 그들의 대표작은 모두 가격이 매우 비싸고, 동서양의 경매에서도 보편적인 가치를 확립하고 있다. 2018년 6월 17일 한 수집가가 소장하고 있던 1977년부터 2001년까지 자이에가 만든 와인 1064병은 스위스의 경매에서 3000만 유로(10억 대만달러 이상)에 낙찰되었다.

추병량 선생의 『8582』 보이생차 42편(片)은 2018년 홍콩의 경매에서 530만 홍콩달러(2000만 대만달러 상당)에 낙찰되었다.

프랑스 부르고뉴 와인의 명장 앙리 자이에(Henri Jayer)의 명품 와인/사진 제공 : 왕걸(王傑).

'산지'와 '풍토'의 선택에서 추병량과 자이에의 공통점

추병량 선생이 보이차의 산지에서, 자이에가 포도원에서 지역적인 특성을 중시하는 것은 두 사람의 공통점이라 할 수 있다.

---

39) 2018년 7월 저자가 <만보주간(萬寶週刊)>에 기고한 글에서 처음으로 제시한 관점이다.

자이에는 그의 최고급 포도원인 크로파랑투(Cros Parantoux)의 포도로 로마네 콩티의 리슈부르(Richebourg)에 도전하였듯이, 추병량 선생이 소호대채와 파사노채의 차청으로 만든 정품차는 반장(班章) 등급인 유명 산지의 원료로 생산한 상품들과 견줄 수 있을 정도이다.

　　또한 국영맹해차창의 병배 기술도 전승하였다. 산지인 포도원에 대하여 요구하는 자이에의 높은 기준과 마찬가지로, 추병량 선생도 보이차의 생태 환경과 원료의 배방을 매우 중요시한다.

동양의 '차신(茶神)'과 서양의 '주신(酒神)'

　　자이에는 병충해를 입어 척박해진 땅을 400여 차례나 일구어 그 자리에 포도밭을 조성하였다. '생산량'을 기준으로 삼지 않고, 포도밭 원래의 생태 환경을 복원한 뒤 정교한 양조법으로 매년 와인을 한정된 양으로 생산하였다. 리슈부르 포도 품종으로 한정적으로 생산된 와인으로 인하여 그는 '부르고뉴의 신'이라는 칭호를 얻었다.

　　추병량 선생은 서양의 '주신(酒神)'과 비교하면, 동양의 '차신(茶

맹해현(勐海縣)의 파사노채(帕砂老寨)에 위치한
해만차창의 고수차원/사진 제공 : 해만차창.

맹해현(勐海縣)의 소호대채(蘇湖大寨)에 위치한 해만차창의 고수차원/사진 제공 : 해만차창.

神)'이라 할 수 있다. 파사노채의 고수차원 기지는 생태 환경의 유지, 관리에 대한 성공적인 모델이라고 할 수 있다.

　파사노채에는 2900만 묘(畝)의 고차원이 있고, 수백 년 된 고차수 들이 숲을 이루고 있다. 2011년도에는 추병량 선생의 친척인 차이 씨 가 이 고수차원을 관리하였다. 당시 관리가 매우 잘되어 있던 고수차원 의 차나무들은 매우 튼실하고, 찻잎도 무성할 뿐만 아니라, 잡목들과도 공존하여 생태적으로 매우 아름다운 숲을 이루면서 산채 곳곳에 분포 하고 있었다. 이는 소호대채의 새로 조성된 생태 차원과도 크게 다르지 않았다.

　보이차를 제다하는 추병량 선생과 와인을 양조하는 자이에는 모 두 각자의 절기와 철학을 갖춘 인물들이다. 자이에는 땅과 생태를 존중 하며 인위적인 것을 최소화하는 양조 철학을 정립하여 오늘날까지도 수많은 와인 양조자들에게 큰 영향을 주고 있다. 자이에와 마찬가지로 추병량 선생도 파사노채와 소호대채의 '풍토'와 '생태'를 매우 중요시 한다.

프랑스의 법정 와인 산지 분류 정의

· AOC : 원산지 통제 명칭 제도 와인(Appellation d'Origine Controlee)
· VDQS : 우수 품질 제한 와인(Vin Delimites de Qualite Superieure)
· VDP : 지역 등급 와인(Vin de Pays)
· VDT : 테이블 와인(Vin de Table)

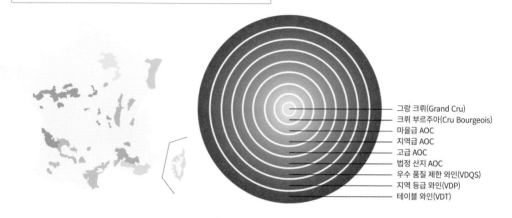

그랑 크뤼(Grand Cru)
크뤼 부르주아(Cru Bourgeois)
마을급 AOC
지역급 AOC
고급 AOC
법정 산지 AOC
우수 품질 제한 와인(VDQS)
지역 등급 와인(VDP)
테이블 와인(VDT)

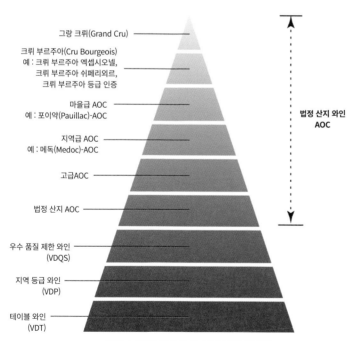

그랑 크뤼(Grand Cru)
크뤼 부르주아(Cru Bourgeois)
예 : 크뤼 부르주아 엑셉시오넬,
크뤼 부르주아 쉬페리외르,
크뤼 부르주아 등급 인증
마을급 AOC
예 : 포이약(Pauillac)-AOC
지역급 AOC
예 : 메독(Medoc)-AOC
고급AOC
법정 산지 AOC
우수 품질 제한 와인
(VDQS)
지역 등급 와인
(VDP)
테이블 와인
(VDT)

법정 산지 와인
AOC

프랑스 법정 산지 와인 AOC 분류 표시도

보이차의 법정 산지 분류 정의

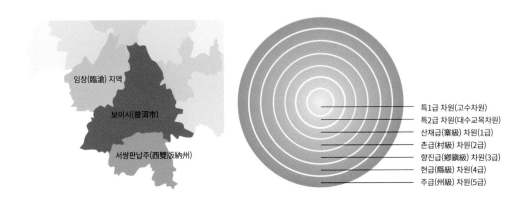

임창(臨滄) 지역

보이시(普洱市)

서쌍판납주(西雙版納州)

특1급 차원(고수차원)
특2급 차원(대수교목차원)
산채급(寨級) 차원(1급)
촌급(村級) 차원(2급)
향진급(鄉鎮級) 차원(3급)
현급(縣級) 차원(4급)
주급(州級) 차원(5급)

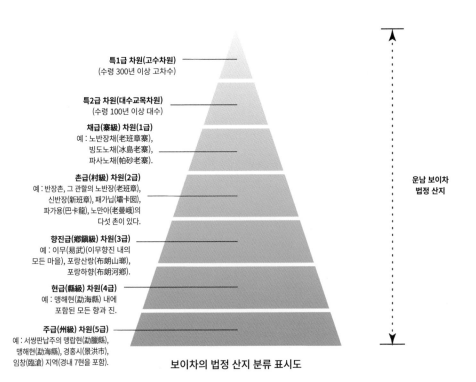

특1급 차원(고수차원)
(수령 300년 이상 고차수)

특2급 차원(대수교목차원)
(수령 100년 이상 대수)

채급(寨級) 차원(1급)
예 : 노반장채(老班章寨),
빙도노채(冰島老寨),
파사노채(帕砂老寨).

촌급(村級) 차원(2급)
예 : 반장촌, 그 관할의 노반장(老班章),
신반장(新班章), 패가님(壩卡囡),
파가용(巴卡龍), 노만아(老曼峨)의
다섯 촌이 있다.

향진급(鄉鎮級) 차원(3급)
예 : 이무(易武)(이무향진 내의
모든 마을), 포랑산랑(布朗山瑯),
포랑하향(布朗河鄉).

현급(縣級) 차원(4급)
예 : 맹해현(勐海縣) 내에
포함된 모든 향과 진.

주급(州級) 차원(5급)
예 : 서쌍판납주의 맹랍현(勐臘縣),
맹해현(勐海縣), 경홍시(景洪市),
임창(臨滄) 지역(경내 7현을 포함).

운남 보이차
법정 산지

보이차의 법정 산지 분류 표시도

'하늘'과 '땅'과 '사람'의 조화를 중시하는 보이차와 와인

보이차는 하늘과 땅, 그리고 사람이 조화를 이룬 결정체이다. 테루아(terroir)는 포도나무를 재배하여 와인을 생산하기 위한 제반 자연환경을 총칭하는 용어로서 '토양', '지형', '지리적 위치', '일조량', '강우량', '일교차'와 '미생물의 활동도'와 같은 자연적인 요인을 모두 아우른다. 따라서 와인은 해마다 맛과 품질에서 차이가 난다.

대만에서 와인과 보이차의 수집가로 유명한 왕걸 선생에 따르면, '훌륭한 보이차는 훌륭한 와인과도 같다'고 한다.

제다사는 자신만의 안목으로 독특한 테루아를 선택하여 다른 사람이 결코 흉내 낼 수 없는 훌륭한 맛과 향의 차를 만들어야 한다. 토양에 깃든 독특성이 보이차에서도 우러난다면 그 맛과 향은 독보적일 것이다.

운남성에서 보이차의 주산지는 현(縣)과 시(市)의 차원(茶園)에서부터 향(鄉), 진(陣), 촌(村), 채(寨)의 작은 차밭에 이르기까지 그 모두가 프랑스 부르고뉴의 다양한 와인 산지와도 같다. 마치 인접한 포도밭이라도 테루아가 달라서 와인의 맛이 서로 다른 것처럼 보이차도 마찬가지이다.

대만 제다사 정첨복과 추병량 선생의 만남

2018년 대만의 유명 제다사인 정첨복(鄭添福) 선생이 사람들과 함께 추병량 선생을 방문한 적이 있었다. 정첨복 선생은 추병량 선생에게 『7542』의 배방과 『8582』의 제작 비법을 알려 달라고 요청하였다.

이때 추병량 선생은 정첨복 선생도 숙련된 제다사라는 사실을 이미 알고 있었기 때문에 제다 기술에 대한 세부적인 사항을 논의하기 시작하였다.

당시 추병량 선생은 그러한 논의 과정에서 가끔 신이나 나서 자신의 의견을 고수하기도 하였고, 때로는 자신이 아직도 보이차를 공부하는 학생이라고 겸손하게 말한 적도 있었다.

추병량 선생(왼쪽)과 정첨복 선생(오른쪽)의 모습. 제다 기술의 세부 사항을 논의하고 있다/촬영 : 유건림(劉建林).

추병량 선생의 설명을 들으면서 정첨복 선생은 마음에 수십 년간 품고 있던 해묵은 의문들에 대한 해답을 찾았다고 한다. 운남대엽종의 보이차 나무가 오래될수록 보이차의 맛도 부드러워진다. 이때 추병량 선생은 자신의 풍부한 경험과 전문성을 보여 주면서도 항상 겸손하고 상냥한 자세로 정첨복 선생을 대하였다고 한다.

반장차 시음회에서의 품평

2019년 6월에 왕걸 선생과 함께 담소를 나누면서 특별히 반장차 (班章茶)를 시음해 볼 기회가 있었다. 반장차에서도 먼저 '생산 연도', '산지', '유명 차업의 제다사'를 특정하였다.

이때 시음한 보이차들은 월간지 〈금주간(今周刊)〉의 양영황(楊永 煌) 사장이 제공한 『육성공작(六星孔雀)』의 '반장칠자병(2003년산)' 과 『진승호(陣升號)』의 '노반장(2008년산)', 추병량 선생의 '반장소병 (2005년산)' 정첨복 선생의 '반장차병(2005년산)', 추병량 선생의 '반 장칠자병(2004년산)', 『예운대동』의 '노반장'이었다.

세계차연합회(世界茶聯合會)의 여예진 회장이 당시 시음회의 사회를 맡았다. 옹명정(翁明正) 전 노무라증권(野村證券) 대만 총경리, 설

2019년 6월, 여예진 선생(뒷줄 왼쪽 첫 번째)과 함께한 반장차의 시음회. 이 자리에는 설명령(앞줄 왼쪽 첫 번째), 옹 명정(앞줄 왼쪽 두 번째), 왕걸(뒷줄 중앙), 양영황(뒷줄 오른쪽) 등이 참석하였다.

명령(薛明玲) 전 자성회계사무소(資誠會計事務所) 소장과 대충인(戴忠仁) 언론인을 자리에 초대하였다.

풍미디어(風傳媒)의 장과군(張果軍) 사장은 촬영 팀과 언론 팀을 파견하여 인터뷰 녹화를 진행하고 인터넷에 방송하는 등 이날 반장차의 시음회를 위해 증인으로 나섰다.

먼저 2005년산인 해만차창의 '반장소병'을 시음하였다. 해만차창의 창립 이래 최초의 한정판 반장 보이차 중 하나로서 1편당 200g의 소병이다. 추병량 선생이 손수 제다하였고, 원료는 2004년산 조춘반장차청(早春班章茶靑)을 사용하였다. 이 반장소병에 대하여 여예진 선생은 다음과 같이 품평하였다.

"최고급 보이차의 향과 단맛, 매끄러움, 두터움을 충분히 갖추었고, 향기는 순정하여 식물의 달콤함이 묻어 나고, 입안을 감도는 여운인 회감(回甘)이 오래 지속되고, 탕색(찻빛)은 연하고 밝은 오렌지색이 돌며, 엽저(葉底)는 부드럽고 밝으며 탄성이 살아 있다."

그리고 '반장칠자병'은 1편당 400g의 차병으로 추병량 선생이 직접 만든 첫 반장차였다. 등시해 선생과 여예진 선생은 모두 이 보이차를 높이 평가하였다. 나중에 안 사실이지만, 2005년산 '반장소병'과 2004년산 '반장칠자병'은 사실 동일한 차청으로 만든 것이지만, 저장 시간과 보관 장소의 차이로 인하여 맛과 발효의 상태에서 큰 차이를 보인 것이다.

2005년산 '반장소병'과 2004년산 '반장칠자병'을 시음할 때, 2005년산 '반장소병'의 겉면에 '금아(金芽)'가 더 뚜렷이 보인다는 사실을 발견하였다. 그 이유는 모차 원료를 1년 숙성한 뒤 압축하여 차병

1편당 400g인 '반장칠자병차(班章七子餅茶)'(2004년산)과 1편당 200g인 '반장소병(班章小餅)'(2005년산)/촬영 : 왕림생(王林生).

으로 만들었기 때문에 2005년산 '반장소병'이 2004년산 '반장칠자병' 보다 더 빨리 발효된 것이다.

시음회의 피날레는 추병량 선생이 엄선한 『예운대동』

시음회의 피날레로 등장한 『예운대동(禮運大同)』은 2005년에 노반장 지역의 300년~500년이 된 고차수에서 조춘(早春)(초봄)에 딴 원료 찻잎으로 만들었다.

이 모차 원료는 6년간 숙성된 뒤 2011년에 압축하여 병차로 가공

되었는데, 당시 1336편으로 한정 생산되었다.

『예운대동(禮運大同)』은 우려낼 때마다 다른 운치와 향이 올라오고, 풍부하고 다양한 맛들이 잘 어울려 이날 시음한 보이차 중에서도 단연 최고였다. 신해혁명(辛亥革命) 100주년을 기념하여 보이차로 제다되었으며, '국가 지리적 표시제 마크'와 '모바일 인식표'를 갖춘 보이차로서 현대 보이차의 생산 이력제 관리 시스템이 적용된 최신 과학기술의 상품차이다.

신해혁명 100주년 기념 차병인 「예운대동(禮運大同)」. 추병량 선생이 포장에 직접 사인을 남겼다.

대만의 제다사 정첨복 선생이 제다한 『노길자서쌍판납고차수(老吉子西雙版納古茶樹)』는 2013년 세계차연합회에서 주최한 국제 대회에서 금상을 수상하였다.

여예진 선생에 따르면, 2005년산인 정첨복 선생의 그 반장차는 국영맹해차창의 1970년대 이후 상품차들과 제다 기법상에 확연한 차이를 보여서 현대 보이차 제다 기법의 모델로도 볼 수 있다고 한다.

이번의 세기적인 시음회를 통해 국보급 제다사들이 만든 보이차로 방향을 맞춰 생산 연도가 있는 노반장 시리즈의 상품차가 수집 1순위로 올랐다. 왕걸 선생이 설명해 주었듯이, 하늘과 땅과 사람이 현대

등시해 선생은 추병량 선생이 제다한 '반장칠자병차(班章七子餅茶)'(2004년산)를 시음한 뒤 '전통 제다 기술로 만든 현대 보이차의 최고봉'이라 품평하였다.

보이차의 위대한 작품을 만든 것이다.

현대 『홍인』급의 보이차 출현

시음회가 끝나고 두 달 뒤에 등시해 선생으로부터 반장차에 대한 그의 품평을 들은 적이 있다. 등시해 선생은 추병량 선생의 '반장칠자병'(2004년산)을 '전통 제다 기술로 만든 현대 보이차의 최고봉'으로 선정하였다. 등시해 선생은 이 보이차는 30년 뒤에 현대의 『홍인(紅印)』급의 보이차가 될 것이라고 예언하였다.

또한 2004년 당시에는 반장촌이 이름난 산지가 아니었기 때문에 뒷면에 기재된 원료와 부재료를 '서쌍판납 맹해현 반장 차청'으로만 표기하고, 상품명도 '반장칠자병'으로 기재되어 있는 것이 진품이라고 설명해 주었다.

앞으로 20년 뒤 호자급의 '차왕(茶王)'은?

2019년 가을, 등시해 선생과 함께 두 번째 시음회를 개최한 적이 있었다. 양자강 명예회장, 설명령 선생 등이 자리를 같이하였다. 이때 등시해 선생은 그 순간 자신의 심정을 먼저 드러냈는데, 뒤이어 사람들

등시해 선생과 함께한 두 번째의 시음회. 설명령 선생(가운데)과 양자강 명예회장(오른쪽)이 자리를 함께하였다.

의 다음과 같은 대화들이 오간 적이 있다.

"이 차는 지금 마시기에는 너무 아깝네요. 이것은 현대 보이차의 '차왕(茶王)'이에요. 앞으로 20년 뒤면 골동보이차의 차왕이라는 『복원창』만큼 맛이 강해질 거예요."/등시해 선생

"이것은 추병량 선생의 2005년산 『예운대동』이에요"/모두 놀란 사람들

"추병량 선생도 이제 이런 보이차를 만들기가 쉽지 않을 거예요. 최근 십여 년간 지나치게 채엽하여 생태가 많이 파괴되어 추병량 선생이라도 지금의 원료로는 본래의 맛을 만들기는 어렵지요"/등시해 선생

이는 매우 날카로운 지적이었다. 2003년 전후로 두각을 보이기 시작한 반장 지역의 산지는 수백 년의 휴식을 통해 찻잎의 내질이 풍부하여 해를 거듭할수록 맛에도 큰 변화를 줄 수 있었다. 그런데 이후의 과도한 채엽으로 인하여 풍토가 변하여 지금은 찻잎에서 본래의 맛을 찾기 어려워진 것이다.

한마디로 단정할 수 없는 '노반장차'의 가치

'코비드(COVID) 19'의 팬데믹이 끝나지 않은 2020년 6월에 등시해 선생은 추병량 선생의 2004년산 '반장칠자병'을 다시 시음하였는데, 함께 있던 지인들이 맛이 달라졌다고 하였다. 이때 그 지인들과 대화를 나눈 적이 있었다.

저자 : 어느 해의 반장차를 마셨나요?

지인들 : 2010년에 저희가 직접 노반장촌에 가서 시음하고, 그중에서 양씨 성을 지닌 여성 차농을 선정했어요. 그녀는 고수(古樹)에서 찻잎을 따서 모차를 만드는 과정을 직접 보여 주었는데, 그게 가짜일 리는 없어요.

저자 : 당신들이 마신 고수의 차 맛이 반장차의 맛을 대표할 수 있을까요? 반장차의 매년 생산량이 얼마인지 아시나요? 한 해에 봄차만 50~60톤이나 될 거예요. 찻잎의 모양과 차나무의 형태가 다른 품종도 최소 8~9종인데, 노반장의 차왕수(茶王樹)라도 반장차의 전형적인 맛을 대표할 수는 없을 거예요.

그 이면에는 무서운 사실이 하나 숨어 있다. 노반장촌에 찾아갈 때마다 봄차의 채엽 시기에 맞춰 모차의 원료를 구매

반장촌에서 찻잎이 과도하게 수확된 고수(古樹)의 모습.

노반장촌 입구에 마을 주민들이 설치한 안내문을 보면, 차농들도 문제의 심각성을 인식하고 있다는 사실을 알 수 있다.

하러 차객들이 떼를 지어 몰려다닌다. 그들은 심지어 압병도 원하지 않는데, 압병하면 찻잎의 분별이 어려워 '노반장차'라고 다른 사람에게 입증할 수가 없다는 것이 그 이유였다.

전 세계의 와인 애호가들은 프랑스의 보르도나 부르고뉴 지역에 가서 원료주를 사러 다니지 않는다. 최고의 와인 양조장, 최고의 양조사, 최고의 생산지, 최고의 포도밭에서만 최고의 와인을 생산할 수 있다. 외부인이 포도 농가에서 와인의 양조 과정을 직접 감시하거나, 와인의 반제품을 가져오는 일은 결코 상상할 수도 없는 일이다.

그 대화 뒤에 지인들은 당황스러운 기색을 감추지 못하였다. 추병량 선생의 2004년산 '반장칠자병'은 '제다사', '산지', '원료 등급', '재료 선택'과 그리고 '포장지의 설명'에 이르기까지 모든 것을 와인의 보편적 가치를 정의하는 체계와 동일한 체계로 만든 보이차이다.

따라서 반장차의 맛과 노반장차의 보편적 가치를 묻는다면, 그와 같은 배경으로 지인들이 산지에서 직접 가져온 노반장 모차의 원료는 2004년도에 추병량 선생이 만든 '반장칠자병'과는 확연히 대조를 이루는 것이다.

'차'는 '사람'을 기다리고, 하늘과 땅과 사람은 '차'를 만든다

『예운대동(禮運大同)』에 대해서는 2010년 압제한 1편의 반장차부터 먼저 이야기해야 한다.

2010년 12월 해만경제개발구 곤명사무실에서 전체적인 맛인 자미(滋味)가 진하면서 강렬하고, 풍격이 선명하여 소장 가치가 높은 차를 마신 적이 있었다. 농도가 강하면서 우아한 맛이 입안에서 오래도록 사라지지 않았고, 진한 녹나무 향이 공간을 가득 채울 정도로 매우 특별한 맛이었다. 그 보이차에 대하여 사무실 관계자는 다음과 같이 설명한 적이 있다.

"2005년에 100% 반장촌 고수의 순수한 원료로 압제한 보이차인데요. 100편만 만들고 남은 원료 차 1톤은 아직도 그대로 맹해현의 창고에 있답니다."

6년 넘게 숙성된 원료 차가 1톤이면, 1편당 500g으로 계산하면 2000편은 충분히 만들 수 있다는 결과가 나온다. 추병량 선생에게 이 사실을 알리면서, "2011년 손문(孫文 1866~1925년) 건국 100주년이 되는 해에 2011편의 『신해백년 기념병』을 만들자"고 제안한 적이 있었다.

이에 추병량 선생은 흔쾌히 승낙하였고, 직접 작업 현장에서 압병 과정을 관리, 감독하였다. 이때 추병량 선생이 직접 보여 준 일대종사의 제다 기술은 영상으로 촬영되어 지금까지도 남아 있다.

보이차의 모든 생산 과정을 직접 관리, 감독하는 추병량 선생의 모습.

추병량 선생이 보이차의 완성도에 영향을 주는 그 어떤 작은 오차도 허용하지 않기 위하여 기계의 수평을 자세히 관찰하는 모습.

추병량 선생은 종이를 먼저 깐 뒤에 차병의 두께를 시험하는 전통적인 방법을 고수한다.

추병량 선생이 최적의 상태로 조정될 때까지 좌우를 자세히 살피는 모습.

차를 만드는 일은 '사람이 되는 것'과 같다!

『예운대동(禮運大同)』에 관한 본래의 계획은 2011편을 생산하는 것이었다. 그런데 당시 기준 2005년의 모차 원료는 오래된 것이어서 부스러진 것이 많았다. 당연히 최상급만 고수하는 추병량 선생은 파손되거나 조잡한 원료 찻잎은 모두 제거해 버렸다.

또한 압병할 때에도 병 모양과 두께를 모두 원래의 기준에 따랐다. 종이를 깔고, 두께를 시험해 보고, 긴압 정도와 압력을 확인하고 결정한 뒤에도 종이는 틀 아래에 남아 있었다.

당시 이 모든 제작 과정을 영상으로 기록한 뒤에 추소란 씨와 함께 공장 사무실에서 기다리고 있었는데, 작업장에서 걸려 온 전화를 받고 추소란 씨의 낯빛이 굳어졌다. 2005년의 묵은 원료는 모두 사용되었지만, 원료의 손실이 많은 탓에 1336편밖에 만들지 못하였다는 내용의 통화였기 때문이다.

그 사연은 추병량 선생이 품질 면에서 타협할 생각이 추호도 없었고, 다른 재료로 대체할 생각도 전혀 하지 않았다는 것이다. 이것이 『신해백년 기념병』의 생산이 1336편에 그쳤던 사연이다. 추병량 선생은 오로지 자신의 소신과 원칙만으로 보이차를 만들었고, 따라서 그가 만든 차에는 곧 그의 인품이 녹아 있었다.

『예운대동』은 추적할 수 있는 현대판의 『복원창(福元昌)』

등시해 선생이 이야기한 바대로 『예운대동(禮運大同)』은 현대 보이차의 『복원창』[40]이라고 할 수 있다. 특별한 점은 보이차 속에 모바일로 인식할 수 있는 칩이 숨겨져 있다는 것이다.

이 모바일 인식 칩의 유효 기간은 50년간으로서 2061년까지 다 마시고 일부 조각만 남아 있어도 전산 기록에는 50년 전의 정보를 확

---

40) 골동보이차 『복원창호』를 가리킨다. '차 중의 일품'으로 불리며 2019년 경매에서 최고가로 팔렸다.

「예운대동(禮運大同)」을 압제 생산하는 작업 현장의 기념사진 촬영 모습. 왼쪽의 두 번째부터 추병량 선생, 양자강 명예회장, 장과군(張果軍) 씨/촬영 : 유건림(劉建林).

인할 수 있다.

이 보이차는 중국과 대만의 보이차 산업계가 협력한 결과물이다. 중화보이차교류협회 양자강 명예회장은 방문단의 단장 자격으로 겨우 압제한『신해백년 기념병』30편을 가지고 운남성 보이차협회의 장보삼 회장을 찾아가 1편을 선물한 뒤 모바일 인식표와 생신 이력제 관리 시스템을 적용한 상품이라고 공동으로 발표하였다.

무선 주파수를 응용하는 지름 2.5cm, 두께 0.5cm의 식용 등급 칩을 만들어 보이차에 삽입한 것이다. 이는 영풍여공사에서 개발한 인식 기술로서 중국과 대만의 협력을 통해 현대 보이차의 생산 이력 추적과 지능화 관리 시스템을 확립하는 데 새로운 모델을 제시한 것이다.

'봉수전(鳳髓箋)'으로 만든 포장지

『신해백년 기념병』이란 상품명은 너무도 평범하여 다른 기업에서 출시한 신해백년의 기념차 상품들과 구분하기가 참으로 어려웠다. 이리하여 양자강 명예회장이 개인적인 의견을 제시하였다.

흰색 원형의 칩이 보이차에 내장되는 '모바일 인식표'.

"손문의 '세계 대동 사상'과 추병량 선생의 '모든 사람을 위해 좋은 차를 만들자'는 이념을 하나로 통합하여 상품명을 짓는 것이 어떻겠어요?"

그 결과 『신해백년 기념병』은 『예운대동(禮運大同)』이라는 상품명으로 바뀐 것이다. '예운대동편'이 손문의 최고 이상이었고, 추병량 선생의 좌우명과도 일치하였기 때문이다. 물론 차인들 사이에서는 상품명을 기억하기도 좋다는 평도 나왔다.

그런데 『예운대동(禮運大同)』의 포장지도 평범한 종이가 아니다. 영혁과기공사(永奕科技公司)에서는 무선 주파수 지능형 정보 관리 시스템을 설계할 당시에 포장지가 쉽게 손상되지 않으면서 인체에도 무해한 천연 소재의 종이를 원하였다.

이에 따라 1970년 중흥대학(中興大學) 장풍길(張豐吉) 교수와 포리(埔里)의 장춘면지공장(長春棉紙廠)이 대만산 파인애플 잎의 섬유로 만든 수제 서화 전용 종이인 '봉수전(鳳髓箋)'을 추천하였다.

이 봉수전은 저명한 화가 요몽곡(姚夢谷, 1912~1993) 선생이 명

「예운대동(禮運大同)」(왼쪽)의 전신은 「신해백년(辛亥百年)」(가운데)이다. 그 「신해백년(辛亥百年)」은 「노반장 칠자병차(老班章七子餠茶)」(오른쪽)에서 유래되었다. 이것은 모두 천(天), 지(地,) 인(人)의 삼위일체를 나타내는 「반장차청(班章茶青)」(2005년산)의 대표작들이다.

명한 이름으로서 오직 선주문을 받고 제작하는 한정판의 종이 상품이었다.

이 종이 상품은 장대천(張大千, 1899~1983년) 화백이 후기에 발묵화(潑墨畵)를 그렸던 전용 종이로 더 정평이 나 있다. 한정판으로 생산되는 최고급의 면 종이로서 복제가 어렵다는 장점도 있었다.

'천 년의 전설'을 전하는 한 장의 종이

차와 문화의 연결에서 종이는 중요한 역할을 담당하였다. 종이는 지식과 문화를 기록하는 도구 중 단연 첫 번째로서 문화 계승의 중요한 매개체였다. 종이는 인쇄물이나 상품을 포장하는 소재로도 활용되고, 천 년의 문화 예술을 계승하는 도구로서도 그 가치가 매우 높다.

역사적으로 유명한 종이는 적어도 100종류 이상이다. 동진(東晉) 시대 명필가 왕희지(王羲之, 303~361년)는 『난정집서(蘭亭集序)』를 '황견지(黃繭紙)'에 썼다고 전해진다.

당나라 시대에 불교 경전을 필사하였던 종이는 기록물에서 "비단에 황랍(黃蠟)을 칠해 투명하게 만들어 수천 축을 저장할 수 있다(硬黃複繭, 藏數千軸)"고 기재되어 있다. 그리고 절강성(浙江省) 해염현(海鹽縣) 금속사(金粟寺)에 보존된 송나라 시대 '금속산장경지(金粟山藏經紙)'는 더욱더 귀중한 종이로 남아 있다.

불교뿐만 아니라 중국 역사에서 귀중한 서화 작품들은 견본(絹本)(비단 천)을 제외하고는 대부분이 '지본(紙本)'(종이 본)으로 보존되었다. 그런데 금속산장경지는 이미 역사 속에서 사라졌지만, 서화가들의 종이에 대한 애착은 중단된 적이 없었다. 특히 장대천 화백이 말년에 사용한 봉수전 종이는 오늘날에도 전해지고 있다. 장대천 화백은 다음과 같은 극찬으로 봉수전을 당대 서화 용지에서도 독특한 위상으로 올려놓았다.

"미끄러지는 힘은 붓끝에 머물 수 있고, 응축한 힘으로 발묵할 수 있어 원나라, 명나라 이래의 종이들과 승부도 겨룰 수 있다(滑能駐毫, 凝能發墨, 直與元明以來爭勝)."

국보급 제다사인 추병량 선생의 최고 걸작품인 『예운대동(禮運大同)』은 봉수전으로 포장하여 보이차의 전설로서 후세에 전해질 것이다. 종이는 보이차의 가치를 간직한 '현대판 금속산장경지'이다.

제 9 장

훌륭한 보이차를 선택하는
기초적인 방법!

2011년 말, 세계차문화교류협회(世界茶文化交流協會)의 창립회장인 왕만원(王曼源) 선생은 대만으로 건너와 차인들과 이야기를 나누면서 "좋은 차는 말로서가 아니라 마셔 봐야 알 수 있어요"라고 말한 적이 있다.

'모든 사람을 위하여 좋은 차를 만들자'는 추병량 선생의 제다 신념은 또한 모든 사람이 좋은 차를 마시는 방법을 이해하도록 요구하고 있다.

이 책의 마지막 장에서는 훌륭한 보이차를 선택하는 경험을 소개한다. 많은 사람이 좋은 차를 선택하고 마시는 방법을 알 수 있도록 하여 보이차가 대중적인 음료로 성장하기를 기대해 본다.

건강에는 보이차가 제일!

차(茶)에 대한 과학적인 연구에 따르면, 찻잎에는 '폴리페놀(polyphenol)'과 '카페인(caffeine)'을 비롯하여 10여 종류의 비타민들이 함유되어 있다고 한다. 이를 우려내 마실 경우에는 체내의 생리적인 기능을 조절하고, 과다한 활성산소를 제거할 뿐 아니라 피로를 해소하고 세균을 죽이는 효능도 있다고 한다.

차 중에서도 보이차는 혈중 콜레스테롤과 혈중 요산, 그리고 혈당 수치를 낮춰 주고, 또 항산화 작용도 있어 건강에 좋은 효능이 많다고 한다.

국립 대만대학교 식품과학기술연구소 손로서(孫璐西) 교수는 연구를 통하여 보이차가 간에서 콜레스테롤의 합성을 억제하고, 위와 장의 연동 운동을 증가시켜 음식물과 지방이 위, 장에 체류하는 시간을 단축하여 결과적으로 체내 지방 흡수를 줄임과 동시에 지방의 배설을 촉진하여 배설률을 66%까지 증가시킨다는 사실을 밝혀냈다.

운남성 곤명의학원 부속병원 내과 심혈관 연구팀은 고지혈증 환자 55명에게 매일 보이차를 마시게 하는 임상 실험을 진행하여 고지혈증제를 투여한 31명의 환자와 비교한 결과, 보이차의 치료 효과가 지

보이시 난창현(瀾滄縣) 방위촌(邦葳村)의 고차수의 모습.
수령이 1000년 이상이나 되었다. 꽃이나 씨앗은 야생형 고차수를 닮았고,
찻잎은 재배형 고차수와 같은 특징을 지녀서 '과도기형(過度期型)' 고차수라고 한다.

혈 강하제보다 효과가 더 우수하고 부작용이 없다는 사실을 밝혀냈다.

또한 2010년 운남성의 간행물인 〈보이잡지(普洱雜誌)〉에서는 「보이차의 건강 효능」의 기사에서 프랑스 국립건강의학연구소 등 4개 과학 연구소와 병원에서 여러 회에 걸친 반복 실험에서 보이차는 혈중 지질과 혈중 요산을 낮추고 콜레스테롤을 조절할 뿐 아니라, 숙취 해소, 다이어트, 신진대사의 촉진, 항산화, 항자유라디칼 등의 효능을 입증한 연구 성과를 소개하였다. 물론 임상 실험에서도 그 효과는 확인되었다고 한다.

비록 어떤 과학적인 증거는 없지만, 수령 1000년 이상 생존한 차나무는 가장 건강한 '장수' 유전자를 지닌 것 같다. 운남성 보이시 난창현(瀾滄縣) 방위촌(邦葳村) 일대의 오래된 마을에서 최고령자의 나이는 109세이다. 이 마을 사람들의 장수 비결은 좋은 산과 물, 그리고 좋은 보이차가 있기 때문이다.

세계에서 가장 오래된 차나무에는 '1000년의 장구한 유전자'가 있고, 이런 차나무의 찻잎으로 만든 보이차는 100가지 차 중에서도 으뜸이고, 사람의 건강에도 매우 유익한 것이다. 천 년의 차나무가 건강하게 살아남아 사람들과 영원히 공존하고 번영하기를 기대해 본다.

보이차를 구입하는 손쉬운 방법!

보이차를 마시면 좋은 점이 많지만, 시중에는 보이차의 종류가 너무도 많아서 매우 혼란스럽다. 그렇다면 건강하고 편하게 마실 보이차는 과연 어떻게 선택해야 하는가?

첫째로 외관을 살펴본다. 앞서 설명하였듯이 보이차의 외관은 한눈에 보아도 둥글둥글하고 볼륨감이 있어야 한다. 차병이 단단하면서도 긴압의 정도가 적당하여 공기의 투과율이 좋으면 '좋은 보이차'라고 할 수 있다.

또한 보이차는 좋은 환경에서 저장되면 차병의 겉면이 황금색을 띠면서 윤택이 돈다. 병차의 제다 기술과 원료의 등급을 적절히 적용하

품질이 훌륭한 보이차의 겉면은 황금색의 윤택이 돌고, 가장자리는 떨어져 나간 부위가 없다/장소 제공 : 신방춘차행(新芳春茶行)/촬영 : 왕림생(王林生).

였다면 불량품일 가능성도 적어진다. 특히 호자급 골동보이차의 원형 가장자리는 결코 쉽게 파손되거나 떨어지지 않는다는 사실을 기억해 둘 필요가 있다.

둘째로 포장지를 개봉하여 차병을 살펴본다. 「산동대병(山東大餅)」과 같이 둥글게 생겼거나, 얇게 깎아 만든 벽돌같이 보이면서 약간의 숙성된 맛을 느낄 수 있다면 품질이 좋은 보이차이다. 숙성의 맛은 다른 차류의 신선하면서도 향긋하고, 달콤하면서 매끄러운 맛과는 전혀 다르다.

물론 보이차 중에서도 일부에서는 신선한 향을 풍기고, 찻물이 옅은 황록색을 띠며, 약간의 쓴맛과 함께 떫은맛이 나는 것도 있다. 그리고 공기를 들이마시면 입안에 침이 돌면서 맛이 긴 여운을 남기는 '회감(回甘)'이 뒤따른다. 처음 마셔 본 사람들은 이것이 과연 보이차인지 의심하겠지만, 전문가들인 이러한 보이차를 '보이생차(普洱生茶)'라고 부른다.

보이차는 모든 차류 중에서도 모양과 스타일이 가장 다양하다. 신선한 찻잎을 따서 다양한 가공 과정을 거쳐 여러 모양으로 긴압하고, 그 긴압된 완성차는 각기 다른 창고나 용기에 저장되어 오랜 세월 동안 계속 발효된다.

즉 보이차는 '병형(餅型)'(떡 모양), '전형(磚型)'(벽돌 모양), '완형(碗型)'(사발 모양), '남과형(南瓜型)'(호박 모양) 등의 매우 다양한 모양을 지니고, 맛과 향도 변화무쌍하게 변화하는 '후발효차(後醱酵茶)'인 것이다.

정상적인 보이차는 '곰팡이의 냄새'가 없다!

정상적인 보이차에서는 노차(老茶), 신차(新茶), 생차(生茶) 또는 숙차(熟茶)를 불문하고 곰팡이의 냄새가 나지 않는다. 그런데 가끔은 여러 이유로 곰팡이의 냄새가 나는 수도 있다. 이는 제다 과정이나 운송 또는 저장 과정에서 문제가 발생하였기 때문이다.

먼저 제다 과정에서는 수분 함량으로 인해 문제가 생길 수 있다. 본래 보이차의 수분 함량 기준은 10% 내외이다. 가공 과정에서 찻잎의 수분 함량이 너무 높은 상태에서 차병을 포장지로 포장하면 쉽게 변질되어 '하얀 반점(곰팡이류)'이 생기는 것이다.

운송 과정에서도 문제가 생길 수 있다. 청나라 시대에 차마고도(茶馬古道)를 통해 운남성에서 수도인 북경까지 차를 운송하여 황제에

보이차의 해괴(解塊) 방법 : 차병 뒷면의 둥근 홈에서 틈새를 찾아 보이차용 칼이나 송곳을 넣고 수평에 가까운 각도로 가볍게 들어 올린 뒤 층층이 조각으로 떼어낸다. 차병의 외형이 온전하게 유지되는 것은 물론이고, 겉면과 내부의 원료들이 기재된 등급과 일치하는지도 확인할 수 있다/장소 제공 : 신방춘차행(新芳春茶行)/촬영 : 왕림생(王林生).

게 진상하였다. 이때 운송 도중에 햇빛과 빗물에 노출되기 마련인데, 포장이 잘되어 있지 않거나 기후가 습하면 차에 곰팡이가 스는 일을 피할 수가 없었다.

청나라 목종의 어머니이자, 철권 섭정 통치로 유명한 서태후(西太后, 1835~1908)는 여름에는 '용정차(龍井茶)'를 마시고, 겨울에는 '보이차(普洱茶)'를 마셨다고 전해지는데, 만약 진상품의 차에 곰팡이의 냄새가 났다면 누군가는 목이 달아났을 것이다.

또한 보이차의 저장 과정에서도 문제가 발생할 수 있다. 보이차를 저장하는 가장 적당한 온도는 20~30도이고, 습도는 75% 이하이다. 보이차 애호가들이 흔히 이야기하는 '건창(乾倉)', '습창(濕倉)', '입창(入倉)', '출창(出倉)'은 모두 저장 환경을 이야기하는 것이다. 보이차를 저장하는 공간은 창고의 규모와 관련이 없다. 단 보이차를 저장하는 주위 환경의 습도가 지나치게 높으면 곰팡이의 냄새가 날 수 있는 것이다.

좋은 보이차에서는 '아플라톡신'이 없다!

보이차와 곰팡이에서 나오는 발암성 독소인 '아플라톡신(aflatoxin)'은 대체 어떤 관련이 있는가?

국립 대만대학교 식품과학연구소 손로서 교수가 지도하는 진추아(陳秋娥) 학생은 석사 학위 논문『보이차와 독성 곰팡이(普洱茶與有毒黴菌)』에서 보이차에 독성 곰팡이가 있는지에 대하여 연구 결과를 발표하였다.

땅콩을 대조군으로 설정하고, 시장에서 판매되는 보이차 44편(片)을 임의로 구매하여 실험군으로서 A, B, C의 세 그룹으로 나눈 뒤 각각 살균과 균의 배양을 진행하였다. 5일, 10일, 15일, 20일, 25일 동안 그 양상을 관찰한 결과, B 그룹만 그램당 $1.25\mu g$(마이크로그램)의 아플라톡신을 함유하고 있었고, A와 C 그룹에는 전혀 검출되지 않았다. 대조군의 땅콩은 아플라톡신이 그램당 $12.500\mu g$을 함유하고 있어 최고로 높았다.

이 논문을 통하여 시중에서 판매되는 보이차에는 대부분 아플라 톡신이 없다는 사실을 알 수 있다. B 그룹의 경우 아플라톡신 함유량이 땅콩의 1%로서 법적 안전 기준치보다도 훨씬 낮았다. 결국 보이차는 곰팡이가 내는 발암 독성 물질인 아플라톡신과 전혀 관련이 없다는 사실을 입증한 것이다.

수질이 보이차에 주는 영향

보이차를 우리기에 좋은 물의 조건은 탕색(찻빛)을 맑고 투명하게 우려내면서 미네랄도 적당히 함유하고 있고, 미량 원소도 풍부히 들어 있어야 한다. 이러한 조건의 물은 보이차를 맛이 시원하고 달면서 부드럽게 우려내는 최상의 물이라고 할 수 있다.

결과적으로 차의 성질은 물의 수질로 인해 드러나는 것이다. 차를 우릴 때는 경수(硬水)(센물)보다는 연수(軟水)(단물)가 더 낫다. 그러나 미네랄도 어느 정도 적당하게 있어야 한다. 물에 함유된 미네랄, 특히 칼슘과 마그네슘은 차의 맛에 큰 영향을 주기 때문이다.

미국의 티 테이스팅 웹사이트인《요커셰어(Yorker share)》에서는 칼슘과 마그네슘의 함유량이 1L당 60~120mL인 물을 권장하였다. 물 속에 미네랄 성분이 과도하게 든 경우에는 차의 성분인 폴리페놀과 결합하여 불순물이 생기면서 차의 맛도 변화한다. 일반적으로 물은 차의 특성에 다음과 같은 영향을 준다.

색(色) : 풍부한 미량 원소와 적정량의 미네랄은 차의 카테킨 성분과 결합하면서 탕색(찻빛)을 신선하면서도 진하게 변화시킨다.

향(香) : 좋은 물로 차를 우리면 향이 맑고 순수하거나, 깊고 진하거나, 은은하거나, 선명하게 나타난다.

미(味) : 좋은 물로 차를 우리면 입에 침이 고이는 '생진(生津)'이 빨리 생기고, 후두와 입속에 회감이 오랫동안 지속되어 차의 쓴맛과 떫은맛이 줄어든다.

질(質) : 좋은 물은 찻잎의 함유 성분들이 잘 우러나도록 한다.

수질, 수온, 우리는 온도의 조화

일반적으로 차를 우릴 때는 오염되지 않은 '고산천수(高山泉水)'(고산지대의 샘물)를 최고의 물로 꼽는다. 사실 고산지대에서 나는 샘물은 지하수이다. 지하의 수맥을 따라 흐르는 물은 땅속의 풍부한 미네랄을 함유하고 있어 차를 우리면 맛이 풍부해진다.

특정 미네랄이 대량으로 녹아 있는 경수(센물)는 많이 마시면 건강에 좋지 않기 때문에 차를 우리기에도 적합하지 않다.

가정용 수돗물은 어떨까? 대만의 차인들은 일반 가정에서 수돗물을 정화하여 차를 우리는 경우가 많다. 비장탄(備長炭) 한 층과 이온 분자를 함유한 작은 공을 또 한 층으로 넣은 유리 항아리에 수도관을 연결하여 정화한 뒤 사용하는데, 이는 전문 찻집 못지않게 물에 신경을 많이 쓰는 것이다.

그 핵심 원리는 경수(센물)를 연수(단물)로 만들면서 신선한 물을 사용하는 것이다. 또한 매번 물을 끓일 때마다 주전자에 물을 반만 담고, 가열 온도는 98도를 넘지 않도록 하며, 절대로 이미 끓인 물은 또다시 끓이지 않는다. 그 이유는 오래 또는 여러 차례 끓인 물은 차를 우리는 물로는 적합하지 않기 때문이다.

따라서 차를 우릴 때는 수질뿐만 아니라 물의 온도도 매우 중요하다. 지나치게 고온으로 끓여도, 끓어서 넘쳐서도, 반복해 끓여서도 안 되는 것이다. 대만의 차인들이 차를 우리는 방법의 요결은 한마디로 이렇다!

"신차(新茶)는 저온으로, 노차(老茶)는 고온으로 우리고, 생차(生茶)는 짧게, 숙차(熟茶)는 오래 우린다."

적절한 수질과 시간, 그리고 온도로 우려야만 보이차의 진정한 풍미를 즐길 수 있다.
장소 제공 : 신방춘차행(新芳春茶行)/촬영 : 왕림생(王林生).

213

장소 제공 : 신방춘차행,
다구 제공 : 도작방(陶作坊)
촬영 : 왕림생(王林生).

차를 우리는 물의 온도는 90도보다 낮지 말아야 하고, 98도보다 높으면 절대 안 된다. 특히 숙차는 센 불로 한 번 끓인 뒤 약한 불로 천천히 끓여야 한다. 반면 생차는 초 단위로 짧게 우리거나 30분 정도 끓인다.

다 우러난 차의 온도는 45도~60도 정도여야 마시기에도 무난하다. 차를 마실 때 전문가처럼 굳이 후루룩 소리를 내면서 마실 필요는 없다. 다만 따뜻한 차 한 모금을 입에 머금고 천천히 목으로 넘겨 본다. 공기를 다시 한 번 깊게 들이쉬면 맛과 향에서 미세한 변화를 느낄 수 있다.

보이차를 가정에서 안전하게 보관하는 방법

보이차를 잘못 보관하면 오래 두어도 맛과 향이 더 좋아지지 않고 오히려 잡냄새나 곰팡이 내가 날 수 있다. 다음은 보이차를 보관할 때 주의해야 할 9가지의 사항이다.

1. **햇빛** : 보이차가 햇볕이나 직사광선에 직접 닿지 않도록 한다.
2. **냄새** : 주방이나 주방에 가까운 곳에 보관하면 음식의 조리 냄새가 찻잎에 밴다.
3. **습도** : 습도가 높은 샤워실이나 세면장과 가까운 곳을 피한다.
4. **향기** : 화장품이나 에센스의 향이 나는 곳을 피한다.
5. **장(서랍)** : 장이나 서랍에 오랫동안 보관하면 나무 냄새나 합성 접착제의 냄새가 밸 수 있다. 이것을 우려내 마시면 보이차에서 장(서랍) 냄새가 난다.
6. **어두운 장소** : 보관 장소가 어두우면 보이차에 곰팡이가 발생하기 쉽고, 또한 변질된 부분을 발견하기도 어렵다.
7. **높은 온도** : 온도가 높고 습도도 높으면 보이차의 후발효를 가속하여 맛과 향이 변할 수 있다.
8. **저장 공간** : 보관 장소가 보이차의 양에 비해 너무 크면 맛과 향

이 쉽게 사라진다.

9. **벌레** : 신차나 숙차를 불문하고 차에는 '차 벌레'가 생길 수 있다. 차에 벌레가 생기지 않도록 보관에 주의해야 한다.

일반 가정에서는 보이차의 양이 많지 않으면 보통 종이상자에 넣어 보관한다. 이때 포장이 이미 개봉되었다면 옹기나 도자기로 된 차통에 보관하면 좋다.

보이차의 보관 온도와 습도

보이차는 온도가 15도~30도 사이에, 습도가 40%~80%인 장소에서 보관하는 것이 비교적 적합하다. 대만의 자연환경은 연평균 기온이 23.5도이고, 평균 습도가 75%로서 보이차를 보관하기에 적합한 장소이다.

대만의 기온과 습도는 보이차를 보관하기에 적합하다. 그러나 보이차를 전문적으로 보관하는 '표준창(標準倉)'도 있다.

물론 모든 지역은 자연적인 기후가 달라 지역마다 보관하는 장소도 달라진다. 단 보관하는 장소가 지나치게 습하지 않고, 보이차의 품질도 변질되지 않는다는 전제 조건에서는 '대만창(臺灣倉)', '한국창(韓國倉)', '홍콩창(香港倉)', '광주창(廣州倉)'이 형성될 수 있으며, 그 각각의 맛과 향도 다를 것이다.

보이차에 어울리는 다기

중국 강소성(江蘇省) 의흥시(宜興市)의 자사호(紫沙壺), 경덕진(景德鎭)의 개완(蓋杯), 덕화(德化)의 백자(白瓷), 조산(潮汕)의 납배소호(拉坯小壺) 등은 모두 보이차를 우리기에 적합한 다기이다.

중국의 다기는 차를 마시는 방법에 따라 끊임없이 발전해 왔지만, 오늘날에도 여전히 '개완'이나 '차호'로 마시는 형태는 유지되고 있다. 개완이나 차호 어느 것이든지 보이차의 독특한 맛과 향을 제대로 우려낼 수 있다. 그러한 다기들은 보이차의 향이나 기운을 변화시키지 않는다.

특히 자사호를 자주 사용하면 자사호의 안팎에 부드러운 광택이 생기면서 더욱 사랑스러운 모습으로 변한다. 넓은 주전자나 뚜껑이 있는 컵도 잘 어울린다.

다기가 보이차의 향과 기운을 변화시킬 가능성은 없다/장소 제공 : 신방춘차행(新芳春茶行)/촬영 : 왕림생(王林生).

보이차의 생산 연도를 구분하기는 쉽지 않다/장소 제공 : 신방춘차행(新芳春茶行)/촬영 : 왕림생(王林生).

현대 보이차의 생산 연도 구분

현대 보이차의 신차를 겉모습만 보고 그 생산 연도를 알아낼 수 있을까? 위의 보이차 사진에서 왼쪽부터 2018년산, 2014년산, 2016년산의 상품차이다. 5~6년 된 신차는 진화가 얼마 되지 않았기 때문에 외관의 부드러움, 광택, 차병 겉면의 색상 농도를 기준으로는 그 생산 연도를 구분하기가 아직은 어렵다.

신차는 차병의 긴압 상태에 따라서 후발효의 속도에 차이를 보인다. 왼쪽 2018년산 상품차를 보면 긴압이 느슨하여 후발효 속도가 빨라서 달고 부드러운 맛이 강할 것이다. 2014년산과 2016년산의 상품차는 긴압 상태가 단단하여 후발효가 상대적으로 느리게 진행된다. 후발효 속도가 느린 차병은 숙성되는 시간이 더 걸리면서 소비자들이 마실 수 있는 상태로까지 진화하는 데 시간이 더 소요된다.

신차인 '보이생차(普洱生茶)'와 '노차(老茶)'의 수집 요령

여기서는 현대 보이차에 입문을 원하는 사람들을 위하여 '시음 감별법'과 '소장법'에 대한 경험을 정리해 소개한다. 보이차를 선택하는 기준을 높이 세워서 '소장급', '시음급', 그리고 '입문급'의 보이차를 구분할 수 있어야 한다.

● 시음급

보이차를 선택할 때는 단순히 판매자의 설명만 듣고 겉모습을 살피면서 그 품질을 결정해서는 안 된다. 반드시 품질 인증 체계와 식품 안전 검증을 갖춘 정규 상품의 보이차를 선택해야 한다. 그것이 보이차를 안전하게 마실 수 있고, 원산지 규정에도 맞다. 제일 먼저 식품 안전 인증서가 있는 것을 선택하는 일이 시음용 보이차를 선택하는 가장 기본적인 요령이다.

● 소장급

소장급 보이차는 맛과 향도 물론 좋아야 하지만, 원산지 인증과 함께 규정에 부합해야 하고, 식품 안전 검사에도 통과한 것이어야 한다. 또한 정교하게 제작되어 희소성이 있고, 잘 알려진 소규모 산지의 정품 보이차여야 비로소 소장의 가치가 있다.

소장의 기준에 따라 개인 취향의 사치품인지, 보편적인 가치를 지닌 예술품인지, 투자로 유통할 수 있는 재테크의 소장품인지 잘 구분할 줄 알아야 한다.

보편적인 가치를 지닌 보이차는 맛도 있고 인증서도 갖추고 있어야 한다. 만약 맛은 있는데 인증서를 갖추지 못하면 어떤가? 그것은 곧 개인 취향의 사치품인 셈이다.

소장급의 최고급 보이차를 접하면서 이것이 보편적인 가치를 지닌 것인지, 개인 취향의 사치품인지 판단할 수 있는 좋은 근거는 포장지에 기재된 정보를 보는 것이다. 이 정보가 완전할수록 인증이 확실한 것이다.

결국 시음급과 소장급의 보이차는 단순히 개인의 주관적인 취향과 느낌에 따라 감별할 수 있는 것이 아니다. 따라서 보이차를 보는 안목을 기르려면 공부를 하면서 자료도 찾아보고, 전문 간행물도 구독하면서 전문가의 조언을 직간접적으로 구해 보아야 한다.

왕만원(王曼源) 선생은 소장급의 보이차를 감별하는 다음의 세 관점을 제시하고 있다.

1. 한 모금 마셨을 때 입안이 불편한가? 불편하다면 좋은 보이차가 아니다.
2. 몸 안의 반응을 잘 살펴야 한다. 마셔서 배 속이 불편하면 좋은 보이차가 아니다.
3. 가격이 합리적이어야 한다. 품질이 매우 높더라도 가성비가 나쁘면 좋은 보이차가 아니다.

결론적으로 보이차는 먼저 품질을 살펴보고, 향기를 맡고 생산 이력을 검증한 뒤에 직접 마셔 보고서 사야 한다는 것이다. 마지막 고려

좋은 품질의 보이차를 구입하기 위해서는 외관의 품질을 살펴보고 향기도 맡아 보고 생산 이력도 확인해야 한다./장소 제공 : 신방춘차행(新芳春茶行)/촬영 : 왕림생(王林生).

사항은 '노차'를 살 때는 '내력'을 중요시해야 하고, '신차'를 살 때는 '이력'을 중요시해야 한다는 점이다.

보이차를 우릴 때 주로 사용되는 다기들.

유튜브 크리에이터 '홍차언니'가

'티(Tea)'에 대해 알기 쉽고 명쾌하게 풀어주는
전문 유튜브 채널!

대한민국 No1. 티 전문 채널!
YouTube 한국티소믈리에연구원 TV

youtube.com/c/한국티소믈리에연구원tv

사단법인

한국 티(TEA)협회
TEA ASSOCIATION OF KOREA

사단법인 한국티(TEA)협회 인증

티소믈리에 & 티블렌딩 전문가 교육 과정 소개

글로벌 시대에 맞는 티 전문가의 양성을 책임지는

한국티소믈리에연구원

티소믈리에 1급, 2급 자격증 과정
- 티소믈리에 2급
- 티소믈리에 1급

티소믈리에 골드(강사 양성) 과정
- 강사 양성 과정, 티 비즈니스의 이해 과정

티블렌딩 전문가 1급, 2급 자격증 과정
- 티블렌딩 전문가 2급
- 티블렌딩 전문가 1급

티블렌딩 골드(강사 양성) 과정
- 강사 양성 과정, 티블렌딩 응용 개발 과정.

■ **티소믈리에** 고객의 기호를 파악하고 티를 추천하여 주거나 고객이 요청한 티에 대한 특성과 배경을 바로 알아 고객에게 추천하는 전문가.

■ **티블렌딩 전문가** 티의 맛과 향의 특성을 바로 알아 새로운 블렌딩티(Blending tea)를 만들 수 있는 지식과 경험을 갖춘 전문가.

티 세계의 입문을 위한
국내 최초의 '티 개론서'

티의 역사 · 테루아 ·
재배종 · 티테이스팅 등

전 세계 티의 기원, 산지, 생산, 향미, 테이스팅을
과학적으로 체계화한 개론서이다!

CHAI 인도 홍차의 모든 것

영국식 홍차의 시작, 인도 홍차의 숨은 이야기!

홍차 생산 세계 1위인 인도 정부의
주한 인도 대사가 공식 추천한
인도 홍차의 기념비적인 책!
인도 홍차의 모든 내용을 화려한 사진들과 함께 소개한다!

티소믈리에가 만드는 티칵테일

티 · 허브 · 스피릿츠, 그 절묘한 믹솔로지!

역사상 가장 오래된 두 음료, 티와 칵테일을
셰이킹해 티칵테일을 만드는 실전 가이드!
다양한 향미의 티와 허브, 생과일,
칵테일의 환상적인 셰이킹을 소개한다.

세계 티의 이해
Introduction to tea of world

세상의 모든 티, 티의 역사와 문화,
티를 즐기는 세계인, 티 여행 명소,
다양한 티 레시피,
그리고 그 밖의 모든 티들을 소개한다.

티 아틀라스
WORLD ATLAS OF TEA

티 세계의 로드맵! '커피 아틀라스'에 이은
〈월드 아틀라스〉 시리즈 제2권!

전 세계 5대륙, 30개국에 달하는 티 생산국들의 테루아,
역사, 문화 그리고 세계적인 티 브랜드들을 소개한다.

'중국차 바이블에 이은'
기초부터 배우는 중국차

사단법인 한국티협회 '중국차 과정' 지정 교재

중국차 구입에서부터 중국 7대 차종과 대용차,
차구의 선택과 관리, 차의 역사, 차인·차사·차속, 차와 건강
등에 관한 315가지의 내용을 소개한 중국차 전문 해설서!

기초부터 배우는
101가지의 힐링 허브티

사단법인 한국티협회 '티블렌딩 과정' 지정 부교재

현대인들의 몸과 마음의 건강을 위한
힐링 허브티 블렌딩의 목적별, 상황별 101가지
레시피를 소개한다.

티소믈리에를 위한
차(茶)의 과학

차의 색, 향, 맛에 대한 비밀을 과학으로 풀어본다

일본 저명 식품과학자이자, 차 전문가인
오쓰마여자대학의 오모리 마사시 명예교수가
50여 년간 과학적으로 분석한 차의 모든 것!

THE BIG BOOK OF KOMBUCHA
콤부차

북미, 유럽을 강타한 콤부차인 DIY 안내서!

이 책은 왜 콤부차인가에서부터 콤부차의 발효법,
다양한 가향·가미법, 콤부차의 요리법, 콤부차의 역사를
상세히 소개한다.

HERBS & SPICES
THE COOK'S REFERENCE

세계 허브 & 스파이스 대사전!

이 책은 총 283종의 허브 및 스파이스의
화려한 사진과 함께 향미, 사용법, 재배 방법 등을
완벽히 소개한 결정판!

기초부터 배우는 홍차

사단법인 한국티협회
'홍차 마스터' 과정 지정 교재

누구나 홍차 전문가가 될 수 있도록
홍차 40년 경력의 베스트셀러 저자가
'홍차의 기초부터 모든 것'을 들려주는 총정리서!

영국 찻잔의 역사·
홍차로 풀어보는 영국사

티소믈리에를 위한
영국식 홍차 문화 이야기 시리즈 제1권

서양 티의 시작에서부터 영국 도자기 산업의 탄생, 애프터눈 티의
문화, 찻잔과 홍차의 미래상을 소개한다.

영국식 홍차의 르네상스
홍차 속의 인문학

영국식 홍차 문화 이야기 시리즈의 제2권!

세계사에 일대 변화를 몰고온 영국식 홍차와 함께 발전한
역사, 문화, 사회, 명화, 영화, 동화 등의 모든 장르를
되짚어 보는 '홍차 속의 인문학 여행기'!

세기의 명작품들과 함께하는
영국 홍차의 역사

영국식 홍차 문화 이야기 시리즈의 제3권!

이 책은 홍차와 관련된 다양한 장르 속, 세기의 명작들과 함께
영국식 홍차의 역사, 문화, 예술, 시대상 등을 재밌게 소개한다.

대만차(臺灣茶)의 이해

사단법인 한국티협회
'우롱차 교육 과정' 지정 교재

녹차와 홍차의 양쪽 효능을 모두 가져 건강차로서
새로운 아이콘으로 급부상하는 부분산화차인
'우롱차(烏龍茶)'의 입문서!

기초부터 배우는 보이차

사단법인 한국티협회
'보이차 마스터' 과정 지정 교재

보이차 가공, 보이차 유명 브랜드 20개 업체를 비롯해
보이차의 역사, 산지, 무역 등 보이차의 세계를
시대적으로 일목요연하게 개관한 입문서.

홍차로 시작된
영국 왕실 도자기 이야기

홍차의 나라 영국에서 꽃을 피운
명품 테이블웨어의 총 역사!

로열크라운더비, 로열우스터, 웨지우드, 스포드, 민턴, 로열덜턴
등 세계적으로 유명한 영국 왕실 조달 도자기 업체들의
어제와 오늘의 역사, 문화, 전통, 명작품들을 직접 선보인다!

THE TEA BOOK _ 티북

티의 초보자, '차린이'를 위한 티의 기초 입문서!
사단법인 한국티협회가 선정한 '티, 티잰'의 기초 입문 도서!

전 세계의 티와 티잰의 산지에서 테루아, 역사, 문화, 소비,
최신 건강 트렌드, 100여 종에 달하는 티 및 티잰의
푸드 레시피까지!

T2

티의 새로운 소비문화를 이끄는 유명 티 브랜드 시리즈 ①
_ 호주 편(신흥 티 소비문화)

세계적인 티 브랜드 'T2'의 창립자가 '티 콜라주(tea-Collage)'로
생활 건강을 완성하는 기발하고도 창조적인 방법을 소개해
티 소비에 새로운 관점을 제시하는 가이드!

티소믈리에를 위한
호레카(HoReCa) 속의 티(Tea) 세계 1

세계 '호스피탈러티 산업계'를 대표하는
'HoReCa(호텔·레스토랑·카페)'의 티 트렌드!

'세계 호스피탈러티 산업계'를 이끌어 가는 호텔, 레스토랑,
카페 등 각 분야의 선두 주자들이 펼치는 눈부신 활약상들의
대파노라마!

티소믈리에 1급, 2급 자격 과정 교재

티소믈리에 이해 1 _ 입문

티소믈리에 2급 자격 과정 교재

티의 정의에서부터 티 테이스팅의 이해,
티의 역사, 식물학, 티의 다양한 분류,
허브티, 블렌디드 허브티 등의
교육을 위한 개론서.

티소믈리에 이해 2 _ 심화_산지별 I

티소믈리에 2급 자격 과정 교재

홍차의 이해에서부터 인도 홍차,
스리랑카 홍차, 다국적 홍차, 중국 홍차,
중국 흑차(보이차) 등의
교육을 위한 심화 교재.

티소믈리에 이해 3 _ 심화_산지별 II

티소믈리에 1급 자격 과정 교재

녹차의 이해에서부터 중국 녹차,
일본 녹차, 우리나라 녹차, 중국 청차(우롱차),
타이완 청차(우롱차), 백차, 황차 등의
교육을 위한 심화 교재.

티소믈리에 이해 4 _ 심화_올팩토리

티소믈리에 1급 자격 과정 교재

커핑(테이스팅)의 방법에서부터
식품 관능 검사, 맛의 생리학,
감각의 표현 기술, 올팩토리 등의
교육을 위한 심화 교재.

티블렌딩 전문가 1급, 2급 자격 과정 교재

티블렌딩 이해 1 _ 입문_블렌딩

티블렌더 2급 자격 과정 교재

티블렌딩의 정의에서부터 홍차 블렌딩의
기본 기술, 다국적 블렌딩 홍차,
가향·가미된 홍차, 허브티 블렌딩 등의
교육을 위한 개론서.

티블렌딩 이해 2 _ 심화_블렌딩

티블렌더 1급 자격 과정 교재

백차, 녹차의 블렌딩 기술에서부터
가향·가미된 녹차, 가향·가미된 홍차,
청차(우롱차), 흑차(보이차), 허브티 블렌딩,
한방차 블렌딩 등의 교육을 위한 심화 교재.

보이차 에피소드

2022년 12월 1일 초판 1쇄 발행

저　　　자 | 허이선(許怡先)
펴　낸　곳 | 한국티소믈리에연구원
출 판 신 고 | 2012년 8월 8일 제2012-000270호
주　　　소 | 서울시 성동구 아차산로 17 서울숲 L타워 1204호
전　　　화 | 02)3446-7676
팩　　　스 | 02)3446-7686
이　메　일 | info@teasommelier.kr
웹 사 이 트 | www.teasommelier.kr

펴　낸　이 | 정승호
출 판 팀 장 | 구성엽
디자인/인쇄 | ㈜지엔피링크

ISBN 979-11-85926-72-8

값 25,000원